工学结合·基于工作过程导向的项目化创新系列教材

国家示范性高等职业教育土建类"十二五"规划教材

建筑工程测量

JIANZHU

GONGCHENG CELIANG

主　编　郝海森

副主编　陈　晨　刘冬梅

　　　　张丽军　蔡　金

　　　　高红影　卢　舸

　　　　杨　蓉

U0301334

华中科技大学出版社

http://www.hustp.com

中国·武汉

内 容 提 要

　　本书参照国家高职高专教育建筑工程技术专业工程测量学课程的基本要求编写,遵循认知规律,由浅入深,以项目为引导、以任务为驱动,按照建筑工程施工过程中对工程测量的工作要求来合理安排教材内容。

　　全书共分为 3 大部分,分别为测量的基本知识、地形测量、建筑施工测量。第一部分主要对测量基本原理、基本概念及其测量常规仪器使用方法进行详细介绍。第二部分主要讲述小地区地形图的测绘及其应用。第三部分主要介绍了一般点位放样方法,并根据工业与民用建筑施工的流程与特点,详细论述了建筑施工测量的方法。

　　为了方便教学,本书还配有电子课件等教学资源包,任课教师和学生可以登录"我们爱读书"网(www.ibook4us.com)免费注册下载,或者发邮件至 husttujian@163.com 免费索取。

　　本书可作为高职高专院校建筑工程技术专业及相关类专业工程测量课程的教材,也可作为测绘工程技术人员的参考书。

图书在版编目(CIP)数据

建筑工程测量/郝海森主编.—武汉:华中科技大学出版社,2014.5
ISBN 978-7-5680-0125-0

Ⅰ.①建… Ⅱ.①郝… Ⅲ.①建筑测量-高等职业教育-教材 Ⅳ.①TU198

中国版本图书馆 CIP 数据核字(2014)第 100451 号

建筑工程测量　　　　　　　　　　　　　　　　　　　　　　　　郝海森　主编

策划编辑:康　序
责任编辑:狄宝珠
封面设计:李　嫚
责任校对:祝　菲
责任监印:张正林
出版发行:华中科技大学出版社(中国·武汉)
　　　　　武昌喻家山　　邮编:430074　　电话:(027)81321915
录　　排:武汉正风天下文化发展有限公司
印　　刷:武汉科源印刷设计有限公司
开　　本:787mm×1092mm　1/16
印　　张:9.5
字　　数:231 千字
版　　次:2014 年 10 月第 1 版第 1 次印刷
定　　价:25.00 元

前言

　　本书以"理论够用,注重专业技能培养,强化应用性"为原则,并结合建筑工程技术行业特点编写。本书注重基本理论、基本计算、基本操作,强调理论结合实际,以及内容贴近工程实际,突出"实践、实用"的特点,便于自学,满足一线生产岗位对工程测量知识的需求。

　　本书由河北工程技术高等专科学校郝海森担任主编,由河北工程技术高等专科学校陈晨和张丽军、南京化工职业技术学院刘冬梅、黑龙江农业职业技术学院蔡金、天津国土资源和房屋职业学院高红影、湖北开放职业学院卢舸、湖北交通职业技术学院杨蓉担任副主编。其中,郝海森编写了项目1、项目8,陈晨编写了项目4、项目6,张丽军编写了项目5、项目7,蔡金编写了项目2,高红影编写了项目3和项目9,卢舸和杨蓉编写了项目10,刘冬梅编写了项目11。全书由郝海森统稿。

　　为了方便教学,本书还配有电子课件等教学资源包,任课教师和学生可以登录"我们爱读书"网(www.ibook4us.com)免费注册下载,或者发邮件至 husttujian@163.com 免费索取。

　　在本书编写过程中,编者收集了大量的资料,借鉴了同类优秀教材的相关内容。由于编者水平有限,书中缺点和不足之处在所难免,恳请使用教材的师生、读者批评指正。

编　者
2014 年 8 月

目录

● ● ●

项目 1　认识建筑工程测量

项目 2　水准仪的使用

项目 3　经纬仪的使用

项目 4　距 离 测 量

项目 5　测量误差规律及数据精度指标

项目 6　小地区控制测量

项目 7　大比例尺地形图的测绘

项目 8　建筑施工控制测量

项目 9　民用建筑施工测量

项目 10　工业建筑施工测量

项目 11　建筑物变形监测及竣工测量

认识建筑工程测量

任务 1 初识建筑工程测量

1. 测量学的基本概念

测量学是研究如何测定地面点的平面位置和高程,将地球表面的地物、地貌及其他信息绘制成图,确定地球的形状、大小的科学。它的内容包括两个部分,即测定和测设。测定是指使用测量仪器和工具,通过测量和计算,得到一系列测量数据,或者把地球表面的地形缩绘成地形图,供经济建设、规划设计、科学研究和国防建设使用。测设是指把图纸上规划设计好的建筑物、构筑物的位置在地面上标定出来,作为施工的依据。

测量学按照研究范围和对象的不同,可分为如下几个分支学科。

(1)大地测量学:研究整个地球的形状和大小,解决大地区控制测量、地壳变形以及地球重力场变化和问题的学科。

(2)普通测量学:不顾及地球曲率的影响,研究小范围地球表面形状的测绘工作的学科。

(3)摄影测量与遥感学:研究利用摄影或遥感的手段来测定目标物的形状、大小和空间位置,判断其性质和相互关系的理论技术的学科。

(4)海洋测量学:研究以海洋和陆地水域为对象所进行的测量和制图工作的学科。

(5)工程测量学:研究各种工程建设在设计、施工和管理阶段时的各种测量工作理论和技术的学科。

2. 建筑工程测量的基本任务

工程测量学按其所服务的工程种类,可分为建筑工程测量、线路测量、桥梁与隧道测量、矿山测量、城市测量、水利工程测量、管线工程测量、高精度工程测量及工程摄影测量等。

建筑工程测量是工程测量学的分支学科,是研究建筑工程在规划设计、施工建设和运营管理阶段所进行的各类测量工作的理论、技术和方法的学科。其主要任务包括以下几个方面。

(1)规划设计阶段的测量工作主要是提供地形资料。取得地形资料的方法是,在所建立的控制测量的基础上进行地面测图或航空摄影测量。

(2)施工兴建阶段的测量工作主要是按照设计要求在实地准确地标定建筑物各部分的平面位置和高程,作为施工与安装的依据。一般也要求先建立施工控制网,然后根据工程的要求进行各种施工测量工作。

（3）竣工后的营运管理阶段的测量工作包括竣工测量以及为监视工程安全状况的变形观测与维修养护等测量工作。

3. 建筑工程测量人员所应具备的基本技能

（1）熟悉建筑工程测量相关的基本理论和基本计算方法。

（2）掌握常规测量仪器及工具的使用方法。

（3）了解并掌握小地区控制测量内业、外业工作，熟悉大比例地形图测绘的基本方法并熟练掌握地形图应用的方法。

（4）了解建筑工程施工的一般流程，熟悉建筑工程施工测量的基本理论和方法。

（5）具备从事一般土建施工的基本岗位素质，熟悉各类工程图纸，具有责任心、团队意识。

任务 **2** 如何确定地面点位

1. 了解几个基本概念

1）水准面

测量工作的实质是确定地面点的位置。确定地面点的位置要了解地球的形状、大小和地面点位的表示方式。

地球的自然表面是很不规则的，其上有高山、深谷、丘陵、平原、江湖、海洋等，最高的珠穆朗玛峰高出海平面 8 844.43 m，最深的太平洋马里亚纳海沟低于海平面 11 034 m，其相对高差不足 20 km，与地球的平均半径 6 371 km 相比，是微不足道的。就整个地球表面而言，陆地面积约占 29%，而海洋面积约占了 71%。因此，我们可以设想地球的整体形状是被海水所包围的球体，即设想将一静止的海洋面扩展延伸，使其穿过大陆和岛屿，形成一个封闭的曲面，如图 1-1（a）所示。这一静止的闭合海水面称作水准面。与水准面相切的平面称为水平面。由于海水受潮汐风浪等影响而时高时低，故水准面有无穷多个，其中与平均海水面相吻合的水准面称为大地水准面，它是测量工作的基准面。由大地水准面所包围的形体称为大地体。通常用大地体来代表地球的真实形状和大小。地球上任一点都同时受到离心力和地球引力的作用，这两个力的合力称为重力，重力的方向线称为铅垂线，它是测量工作的基准线。水准面的特点是水准面上任意一点的铅垂线都垂直于该点的曲面。

2）参考椭球体

地球内部质量分布不均匀，致使地面上各点的铅垂线方向产生不规则变化，所以，大地水准面是一个不规则的无法用数学式表述的复杂曲面，在这样的面上是无法进行测量数据的计算及处理的。因此人们进一步设想，用一个与大地体非常接近的又能用数学式表述的规则球体即旋转椭球体来代表大地体。如图 1-1(b)所示，这个旋转椭球体是由椭圆 NSWE 绕其短轴 NS 旋转形成的椭球体。与某个区域、国家的大地水准面最为密合的椭球称为参考椭球，其椭球面称为参考椭球面。

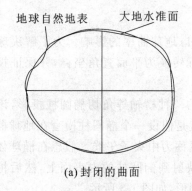

(a) 封闭的曲面

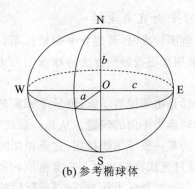

(b) 参考椭球体

图 1-1　大地水准面与地球参考椭球体

由地表任一点向参考椭球体所作的垂线称为法线,除大地原点以外,地表任一点的铅垂线和法线一般不重合,其夹角称为垂线偏差。决定参考椭球面形状和大小的参数为椭圆的长半径 a、短半径 b 及扁率 α 等,其关系式为:

$$\alpha = \frac{a-b}{a} \tag{1-1}$$

我国 1954 年北京坐标系采用的是克拉索夫斯基椭圆体,1980 国家大地坐标系采用的是 1975 国际椭球,而全球定位系统(GPS)采用的是 WGS-84 椭球。由于参考椭球的扁率很小,在小区域的普通测量中可将地(椭)球看作圆球。

3) 2000 国家大地坐标系

国家大地坐标系的定义包括坐标系的原点,三个坐标轴的指向、尺度以及地球椭球的 4 个基本参数的定义。2000 国家大地坐标系的原点为包括海洋和大气的整个地球的质量中心;2000 国家大地坐标系的 Z 轴由原点指向历元 2000.0 的地球参考极的方向,该历元的指向由国际时间局给定的历元为 1984.0 的初始指向推算,定向的时间演化保证相对于地壳不产生残余的全球旋转,X 轴由原点指向格林尼治参考子午线与地球赤道面(历元 2000.0)的交点,Y 轴与 Z 轴、X 轴构成右手正交坐标系。采用广义相对论意义下的尺度。

2. 地面点平面位置的确定

1) 大地坐标

以参考椭球面为基准面,地面点沿椭球面的法线投影在该基准面上的位置,称为该点的大地坐标。该坐标用大地经度和大地纬度表示。如图 1-2 所示,包含地面点 P 的法线且通过椭球旋转轴的平面称为 P 点的大地子午面。过 P 点的大地子午面与起始大地子午面所夹的两面角就称为 P 点的大地经度,用 L 表示,其值分为东经 $0°\sim180°$ 和西经 $0°\sim180°$。过点 P 的法线与椭球赤道面所夹的线面角就称为 P 点的大地纬度,用 B 表示,其值分为北纬 $0°\sim90°$ 和南纬 $0°\sim90°$。我国 1954 年北京坐标系和 1980 国家大地坐标系就是分别依据两个不同的椭球建立的大地坐标系。

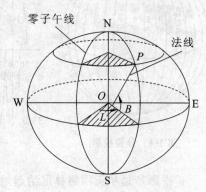

图 1-2　地面点的大地坐标

2）高斯平面直角坐标

当测区范围较大时,要建立平面坐标系,必须考虑地球曲率的影响。为了解决球面与平面这对矛盾,采用地图投影的方法将球面上的大地坐标转换为平面直角坐标,并保证投影变形符合要求。

高斯投影是由德国数学家、测量学家高斯提出的一种横轴等角切椭圆柱投影,该投影解决了将椭球面转换为平面的问题。从几何意义上看,就是假设一个椭圆柱横套在地球椭球体外并与椭球面上的某一条子午线相切,这条相切的子午线称为中央子午线。假想在椭球体中心放置一个光源,通过光线将椭球面上一定范围内的物像映射到椭圆柱的内表面上,然后将椭圆柱面沿一条母线剪开并展成平面,即获得投影后的平面图形,如图1-3所示。

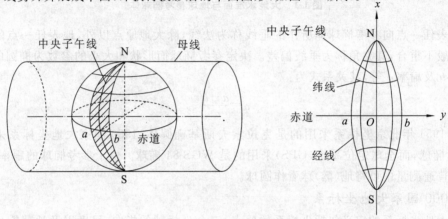

图1-3 高斯平面投影示意图

高斯投影没有角度变形,但有长度变形和面积变形,离中央子午线越远,变形就越大。为了对变形加以控制,测量中采用限制投影区域的办法,即将投影区域限制在中央子午线两侧一定的范围内,这就是所谓的分带投影,如图1-4所示。投影带一般分为6°带和3°带两种,如图1-5所示。

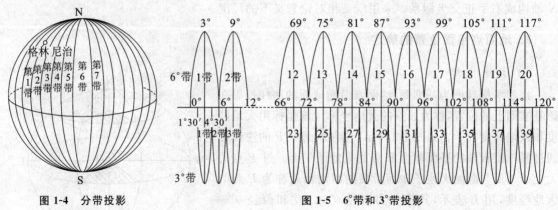

图1-4 分带投影   **图1-5 6°带和3°带投影**

6°投影带是从英国格林尼治起始子午线开始,自西向东,每隔经差6°分为一带,将地球分成60个带,其编号分别为1,2,…,60。每带的中央子午线经度可用下式计算:

$$L_6 = 6°n - 3$$

(1-2)

式中:n 为6°带的带号。

$3°$投影带是在 $6°$ 带的基础上划分的。每 $3°$ 为一带,共 120 带,其中央子午线在奇数带时与 $6°$ 带中央子午线重合,每带的中央子午线经度可用下式计算:

$$L_3 = 3°n'$$ (1-3)

式中:n' 为 $3°$ 带的带号。

我国领土位于东经 $72°\sim136°$ 之间,共包括了 11 个 $6°$ 投影带,即 $13\sim23$ 带;22 个 $3°$ 投影带,即 $24\sim45$ 带。成都位于 $6°$ 带的第 18 带,中央子午线经度为 $105°$。

通过高斯投影,将中央子午线的投影作为纵坐标轴,用 x 表示,将赤道的投影作为横坐标轴,用 y 表示,两轴的交点作为坐标原点,由此构成的平面直角坐标系称为高斯平面直角坐标系,如图 1-6 所示。对应于每一个投影带,就有一个独立的高斯平面直角坐标系,区分各带坐标系则利用相应投影带的带号。

在每一个投影带内,y 坐标值有正有负,这对计算和使用均不方便。为了使 y 坐标都为正值,故将纵坐标轴向西平移 500 km(半个投影带的最大宽度不超过 500 km),并在 y 坐标前加上投影带的带号。如图 1-6 中的 A 点位于第 18 投影带,其自然坐标为 $x=3\ 395\ 451$ m,$y=-82\ 261$ m,它在 18 带中的高斯通用坐标(国家统一坐标)则为 $X=3\ 395\ 451$ m,$Y=18\ 417\ 739$ m。

3) 独立平面直角坐标系

当测区范围较小且相对独立时,可用测区中心点的水平面代替大地水准面。在此水平面内建立平面直角坐标系,如图 1-7 所示。地面点在此水平面的投影位置用投影点的平面直角坐标来表示。通常选定子午线方向为纵轴,即 x 轴,x 轴向北为正、向南为负;以东西方向为横坐标轴,记作 y 轴,y 轴向东为正、向西为负;坐标象限按顺时针方向编号。原点设在测区的西南角,以避免坐标出现负值。

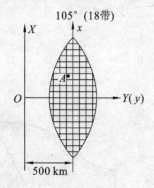

图 1-6 高斯平面直角坐标系

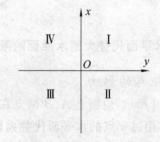

图 1-7 独立平面直角坐标系

3. 地面点高程的确定

1) 绝对高程

在一般的测量工作中都以大地水准面作为高程起算的基准面。因此,地面任一点沿铅垂线方向到大地水准面的距离就称为该点的绝对高程或海拔,简称高程,用 H 表示。如图 1-9 所示,图中的 H_A、H_B 分别表示地面上 A、B 两点的高程。

我国规定以 1950—1956 年间青岛验潮站多年记录的黄海平均海水面作为我国的大地水准面,由此建立的高程系统称为"1956 年黄海高程系"。新的国家高程基准面是根据青岛验潮站1952—1979 年间的验潮资料计算确定的,依此基准面建立的高程系统称为"1985 国家高程基准",其高程为 72.260 m,并于 1987 年开始启用。

地面上两点之间的高程之差称为高差,用 h 表示,例如,A 点至 B 点的高差可写为:

$$h_{AB} = H_B - H_A \qquad (1\text{-}4)$$

由式(1-4)可知,高差有正有负,并用下标注明其方向。在土木建筑工程中,又将绝对高程和相对高程统称为标高。在建筑工程中常选定建筑物底层室内地坪面作为该建筑施工工程高程起算面,标记为±0.000。

2)相对高程

在引入绝对高程有困难的局部地区,可采用假定高程系统,取任意假定一水准面作为高程起算面。地面任一点沿铅垂线方向到假定水准面的距离就称为该点的相对高程或假定高程。如图1-8中的 H_A'、H_B' 分别为地面上 A、B 两点的假定高程。在图1-8中可以看出:

$$h_{AB} = H_B - H_A = H_B' - H_A' \qquad (1\text{-}5)$$

当地面点平面坐标和高程都确定时,它的空间位置就可以确定了。测量工作的实质就是确定地面点的平面坐标和高程。

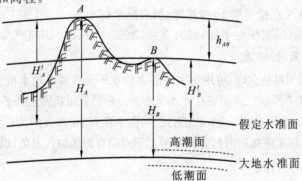

图 1-8　地面点的高程

4. 用水平面代替大地水准面的限度

1)对距离的影响

如图1-9所示,地面上 A、B 两点在大地水准面的投影点 a、b,用过 a 点的水平面代替大地水准面,则以水平长度 D' 代替弧长 D 所产生的误差 ΔD 为:

$$\Delta D = D' - D = R\tan\theta - R\theta = R(\tan\theta - \theta) \qquad (1\text{-}6)$$

将 $\tan\theta$ 用级数展开后代入式(1-6),同时考虑 θ 角很小,可得:

$$\Delta D = R\left(\theta + \frac{1}{3}\theta^3 - \theta\right) = \frac{1}{3}R\theta^3 \qquad (1\text{-}7)$$

又因 $\theta = \dfrac{D}{R}$,所以

$$\Delta D = \frac{D^3}{3R^2} \qquad (1\text{-}8)$$

$$\frac{\Delta D}{D} = \frac{D^2}{3R^2} \qquad (1\text{-}9)$$

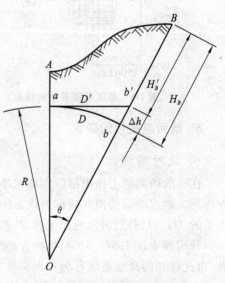

图 1-9　用水平面代替大地水准面
对距离和高程的影响

由式(1-9)可知,当距离为 10 km 时,用水平面代替大地水准面所产生的距离相对误差是1∶1 217 700,可忽略不计。因此,在半径为10 km的圆面积内进行长度的测量工作时,可以不必考虑地球曲率的影响。

2) 对水平角的影响

由球面三角学可知,同一个空间多边形在球面上投影的各内角之和,较其在平面上投影的各内角之和大一个球面角超 ε 的数值。计算表明对于面积在 100 km² 以内的多边形,地球曲率对水平角度的影响在高精密的测量中才会考虑。一般在面积为 100 km² 范围内进行水平角度测量时可不顾及地球曲率的影响。

3) 对高程的影响

如图 1-9 所示,地面点 B 的绝对高程为 H_B,用水平面代替大地水准面后其高程为 H'_B,两者之差由 Δh 表示,则:

$$(R+\Delta h)^2 = R^2 + D'^2$$

$$\Delta h = \frac{D'^2}{2R+\Delta h}$$

考虑 Δh 相对于 R 很小且 D 可代替 D',则有:

$$\Delta h = \frac{D^2}{2R} \tag{1-10}$$

当 $S=10$ km 时,　　　　　　$\Delta h = 7.8$ m

当 $S=100$ m 时,　　　　　　$\Delta h = 0.78$ mm

上面的计算表明:地球曲率的影响对于高差而言,即使在很短的距离内也必须加以考虑。

任务 3 测量工作的基本要求

1. 测量的基本工作

测量工作的基本任务是要确定地面点的平面位置和高程。确定地面点的几何位置需要进行一些测量的基本工作,为了保证测量成果的精度及质量需遵循一定的测量原则。在实际测量工作中,地面点的平面坐标和高程都采用间接测定。通常是测出已知点与未知点间的几何关系,然后推算出未知点的平面坐标和高程。

1) 平面直角坐标的测定

如图 1-10 所示,A、B 两点为已知坐标点,P 点为待定点。要获得 P 点坐标,必须知道水平角 β 和 A、P 两点间的水平距离 D_{AP}。所以,确定地面点的平面直角坐标的主要测量工作是测量水平角和水平距离。

2) 高程的测定

由式(1-4)可知:

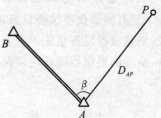

图 1-10　平面直角坐标的测定

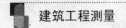

$$H_B = H_A + h_{AB} \qquad (1-11)$$

从式(1-11)可看出,若 H_A 已知,只需测量出两点间高差 h_{AB},就可间接求出 B 点高程 H_B。所以测定地面点高程的主要工作就是测定两点间的高差。

综上所述,测量的基本工作是水平角测量、水平距离测量、高差测量。

2. 测量工作的基本原则

1)"从整体到局部""先控制后碎部""由高级到低级"

测量的主要工作是测定和测设。无论是测绘地形图还是建筑物的施工放样,在测量过程中,为了避免误差的积累,确保所测点位具有必要的精度,一般在整个测区或建筑场地内建立一定精度和密度的控制点并测定这些控制点的坐标和高程,然后根据这些控制点进行碎部测量(地形特征点测量)和建筑物细部点的测设。这一测量过程在程序上遵循"从整体到局部"的原则,在工作步骤上遵循"先控制后碎部"的原则,在精度上遵循"由高级到低级"的原则。这一工作流程既可减少误差积累,同时也可在多个控制点上进行控制测量,加快工作进度。

2)"步步检核"

为了避免在内、外业测量工作中出现错误,测量工作中必须遵循"步步检核"这一工作原则,就是要求所使用的测量成果无错误,在测量工作中要做到"边工作边检核"。一旦发现错误或精度不满足要求,必须查找原因或返工重测,确保测量工作各个环节的数据可靠、计算无误。

3. 施工测量工作的基本要求

1)确保"质量第一"

合格的测量成果是工程施工的前提和依据,也是确保施工质量符合设计要求的条件。测量成果必须满足工程的精度要求,测量工作必须按照相关规范规定的要求去实施。因此,施工测量人员应高度重视测量成果精度,确保"质量第一"。

2)严肃认真的工作态度

测量工作是工程建设中的基础工作。在施工测量过程中,要避免产生差错,时时注意检查和检核,严禁弄虚作假、伪造成果、违反测量规范的行为。每一位从事施工测量的人员都应具有严肃认真的工作态度。

3)测量数据要求"原始",成果要求"真实、可靠"

在工程规划、施工、管理过程中,所涉及测量的观测数据必须保证是第一手原始资料,由专人负责保管。计算成果应确保正确并长期保存。

4)爱护测量仪器设备

只有测量仪器保持良好的状态,才能确保每一项测量工作的实施都有足够的精度。可以说,测量仪器设备是施工测量人员延伸出去的手和眼。每一位测量人员都应爱护测量仪器设备,应对测量仪器设备定期保养、检修和检定。

项目 2.

水准仪的使用

任务 1 掌握水准测量原理

1. 水准测量的工作原理

水准测量的原理是借助水准仪提供的水平视线,配合水准尺测定地面上两点间的高差,然后根据已知点的高程来推算未知点的高程。例如在图 2-1 中,为了求出 A、B 两点的高差 h_{AB},在 A、B 两个点上竖立水准尺,在 A、B 两点之间安置可提供水平视线的水准仪。当视线水平时,在 A、B 两个点的标尺上分别读得读数 a 和 b,则 A、B 两点的高差等于两个标尺读数之差,即:

$$h_{AB} = a - b \tag{2-1}$$

如果 A 点为已知高程的点,B 点为待求高程的点,则 B 点的高程为:

$$H_B = H_A + h_{AB} \tag{2-2}$$

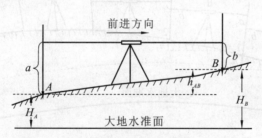

图 2-1　水准测量原理

读数 a 是在已知高程点上的水准尺读数,称为后视读数;读数 b 是在待求高程点上的水准尺读数,称为前视读数。高差必须是后视读数减去前视读数。高差 h_{AB} 的值可能是正,也可能是负,正值表示待求点 B 高于已知点 A,负值表示待求点 B 低于已知点 A。此外,高差的正负号又与测量进行的方向有关,例如在图 2-1 中,测量由 A 向 B 进行,高差用 h_{AB} 表示,其值为正;反之,由 B 向 A 进行,则高差用 h_{BA} 表示,其值为负。所以,说明高差时必须标明高差的正负号,同时要说明测量进行的方向。

2. 未知点高程的计算

1)高差法

在图 2-1 中,B 点(未知点)的高程等于 A 点(已知点)的高程加上两点间的高差,即

$$H_B = H_A + h_{AB} = H_A + (a - b) \tag{2-3}$$

这就是由高差来计算未知点高程的公式。式中 $a-b$ 为两点高差。

2）视线法

由图 2-1 可知，A 点的高程加后视读数等于仪器视线的高程，设视线高程为 H_i，即

$$H_i = H_A + a$$

则 B 点的高程等于视线高程减去前视读数，即

$$H_B = H_i - b = H_A + a - b \tag{2-4}$$

这就是由视线高程计算未知点高程的公式。式中 $H_A + a$ 为视线高程。

3. 水准测量的方法

当两点相距较远或高差太大时，则可分段连续进行，从图 2-2 中可知 A、B 两点间的高差为：

$$h_1 = a_1 - b_1$$
$$h_2 = a_2 - b_2$$
$$\vdots$$
$$h_n = a_n - b_n$$

即

$$h_{AB} = \sum h = \sum a - \sum b \tag{2-5}$$

即两点的高差等于连续各段高差的代数和，也等于后视读数之和减去前视读数之和，同时用 $\sum h$ 和 $\sum a - \sum b$ 进行计算检核结果是否有误。图 2-2 中置仪器的点 I，II，… 称为测站。立标尺的点 1，2，… 称为转点，它们在前一测站先作为前视点，然后在下一测站再作为后视点，转点起传递高程的作用。

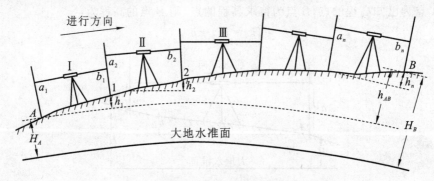

图 2-2 水准测量的方法

任务 2 熟悉微倾式水准仪的使用方法

1. 了解微倾式水准仪

目前常用的水准仪从构造上可分为两大类：一类是利用水准管来获得水平视线的水准管水准仪，其主要形式称为微倾式水准仪；另一类是利用自动补偿器来获得水平视线的自动安平水

准仪。此外,还有新型水准仪——电子水准仪、激光水准仪等,使测量更加方便、快捷。

我国的水准仪系列标准一般有 DS_{05}、DS_1、DS_3 和 DS_{10} 几个等级。D 是大地测量仪器的代号,S 是水准仪的代号。下标的数字表示仪器的精度。其中 DS_{05} 和 DS_1 属于精密水准仪,DS_3 属于一般水准仪,DS_{10} 则用于简易水准测量。

1)DS_3 型微倾式水准仪

DS_3 型微倾式水准仪如图 2-3 所示,由三个主要部分组成:望远镜——可以提供视线,并可读出远处水准尺上的读数;水准器——用于指示仪器或视线是否处于水平位置;基座——用于置平仪器,它支承仪器的上部并能使仪器的上部在水平方向转动。

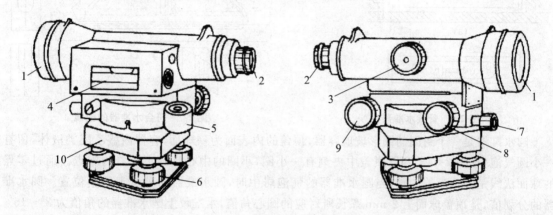

图 2-3 DS_3 型微倾式水准仪

1—物镜;2—目镜;3—调焦螺旋;4—管水准器;5—圆水准器
6—脚螺旋;7—制动螺旋;8—微动螺旋;9—微倾螺旋;10—基座

(1)望远镜是由物镜、目镜、调焦透镜和十字丝分划板组成,如图 2-4 所示。水准仪上十字丝分划板如图 2-5 所示,在水准测量中用它中间的横丝或楔形丝读取水准尺上的读数。十字丝交点和物镜光心的连线称为视准轴,也就是视线。视准轴是水准仪的主要轴线之一。

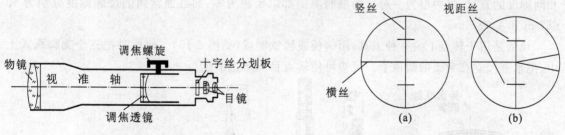

图 2-4   望远镜构造   图 2-5   十字丝分划板

(2)水准器是用以置平仪器建立水平视线的重要部件,分为管水准器和圆水准器两种。管水准器又称水准管,是一个封闭的玻璃管,管的内壁在纵向磨成圆弧形。管内盛酒精或乙醚,或者两者混合的液体,并留有一气泡(见图 2-6)。管面上刻有间隔为 2 mm 的分划线,分划线的中点称为水准管的零点。过零点与管内壁在纵向相切的直线称为水准管轴。当气泡的中心点与零点重合时,称为气泡居中,气泡居中时水准管轴位于水平位置,视线应水平。水准管上一格(2 mm)所对应的圆心角称为水准管的分划值。根据几何关系,分划值也是气泡移动一格水准管轴所变动的角值。水准仪上水准管的分划值为 $10''\sim20''$,水准管的分划值越小,视线置平的精度越高。但水准管的置平精度还与水准管的研磨质量、液体的性质和气泡的长度有关。在这些因素的综合影响下，气泡移动0.1格时水准管轴所变动的角值称为水准管的灵敏度。能够被气泡的移动反映出水准管轴变动的角值越小，水准管的灵敏度就越高。

为了提高气泡居中的精度，在水准管的上面安装一套棱镜组（见图2-7），使两端各有半个气泡的像被反射到一起。当气泡居中时，两端气泡的像就能符合。故这种水准器称为符合水准器，是微倾式水准仪上普遍采用的水准器。

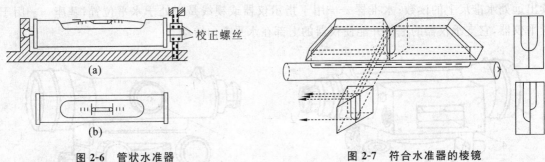

图 2-6　管状水准器　　　　　　　　图 2-7　符合水准器的棱镜

圆水准器是一个封闭的圆形玻璃容器，顶盖的内表面为一球面，容器内盛乙醚类液体，留有一小圆气泡（见图2-8）。容器顶盖中央刻有一小圈，小圈的中心是圆水准器的零点。通过零点的球面法线是圆水准器的轴，当圆水准器的气泡居中时，圆水准器的轴位于铅垂位置。圆水准器的分划值，是顶盖球面上2 mm弧长所对应的圆心角值，水准仪上圆水准器的角值为 $8'\sim15'$。

（3）基座起支撑水准仪上部的作用，由轴座、脚螺旋、底板和三角压板构成。转动脚螺旋可调节圆水准器气泡居中，确保仪器竖轴竖直。

2）水准尺和尺垫

水准尺用优质木材或铝合金制成，最常用的有直尺、塔尺和折尺三种（见图2-9）。塔尺和折尺多用于普通水准测量，塔尺能伸缩，携带方便，但接合处容易产生误差。水准尺尺面绘有1 cm或5 mm黑白相间的分格，米和分米处注有数字。双面尺是一面为黑白相间刻度，另一面为红白相间刻度的直尺，每两根为一对。两根的黑面都以尺底为零，而红面常用的尺底刻度分别为4.687 m和4.787 m。

尺垫是用于转点上的一种工具，用钢板或铸铁制成（见图2-10）。使用时把三个尖脚踩入土中，把水准尺立在突出的圆顶上。尺垫可使转点稳固防止下沉。

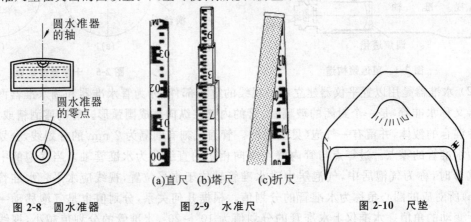

(a)直尺　(b)塔尺　(c)折尺

图 2-8　圆水准器　　　　图 2-9　水准尺　　　　图 2-10　尺垫

2. 微倾式水准仪的操作程序

微倾式水准仪的操作程序是：安置水准仪、仪器的粗略整平、照准目标、视线的精确整平和读数。

1）安置水准仪

首先打开三脚架，安置三脚架要求高度适中、架头大致水平并牢固稳妥，在山坡上应使三脚架的两脚在坡下、一脚在坡上。然后把水准仪用中心连接螺旋连接到三脚架上，取水准仪时必须握住仪器的坚固部位，并确认已牢固地连接在三脚架上之后才可放手。

2）仪器的粗略整平

仪器的粗略整平是用脚螺旋使圆水准器气泡居中。先用任意两个脚螺旋使气泡移到通过圆水准器零点并垂直于这两个脚螺旋连线的方向上。如图 2-11 中气泡自 a 移到 b，如此可使仪器在这两个脚螺旋连线的方向处于水平位置。然后用第三个脚螺旋使气泡居中，使原两个脚螺旋连线的垂线方向也处于水平位置，从而使整个仪器置平。如气泡仍有偏离可重复进行上述步骤。操作时注意以下两点：一是先旋转其中两个脚螺旋（反方向），然后只旋转第三个脚螺旋；二是气泡移动的方向要始终和左手大拇指移动的方向一致。

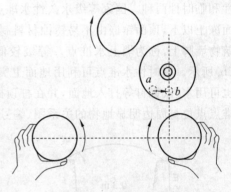

图 2-11　圆水准器整平

3）照准目标

用望远镜照准目标，必须先调节目镜使十字丝清晰。然后利用望远镜上的准星从外部瞄准水准尺，再旋转调焦螺旋使尺像清晰，也就是使尺像落到十字丝平面上。这两步的顺序不可颠倒。最后用微动螺旋使十字丝竖丝照准水准尺，为了便于读数，也可使尺像稍偏离竖丝一些。当照准不同距离处的水准尺时，需重新调节调焦螺旋才能使尺像清晰，但十字丝可不必再调。

照准目标时必须要消除视差。视差是观测时把眼睛稍作上下移动，尺像与十字丝有相对移动的现象。读数有改变，则表示有视差存在。存在视差时读数不准确。消除视差的方法是调节目镜调焦螺旋和物镜调焦螺旋，直至十字丝和尺像都清晰，不再出现尺像和十字丝有相对移动的现象为止。

4）视线的精确整平

由于圆水准器的灵敏度较低，所以用圆水准器只能使水准仪粗略地整平。因此，在每次读数前还必须用微倾螺旋使水准管气泡影像符合，使视线精确整平。由于微倾螺旋旋转时，经常改变望远镜和竖轴的关系，当望远镜由一个方向转变到另一个方向时，水准管气泡一般不再符合。所以望远镜每次变动方向后，也就是在每次读数前，都需要用微倾螺旋重新使气泡符合。

5）读数

每个读数应有四位数，从尺上可读出米、分米和厘米数，然后估读出毫米数。零不可省略，如 1.020 m、0.027 m 等。读数前应先认清水准尺的分划，熟悉尺子的读数。为得出正确读数，在读数前后都应该检查水准管气泡是否仍然符合。

任务 **3** 掌握水准测量的方法

1. 水准点

在水准测量中,已知高程控制点和待定高程控制点都称为水准点,记为 BM。水准点有永久性和临时性两种。国家等级永久性水准点如图 2-12(a)所示,一般用石料或混凝土制成,埋到地面冻土以下,顶面镶嵌由不易锈蚀材料制成的半球形标志。也可以将金属标志埋设于稳固的建筑物墙脚上,称为墙上水准点。等级较低的永久性水准点,制作和埋设均可简单些,如图 2-12(b)所示。临时性水准点可利用地面上突出稳定的坚硬岩石、门廊台阶角等,用红色油漆标记;也可用木桩、钢钉等打入地面,并在桩顶标记点位,如图 2-12(c)所示。水准点埋设后,应绘出水准点点位与周边明显地物的关系图、编号等信息,称为点之记,以便日后寻找。

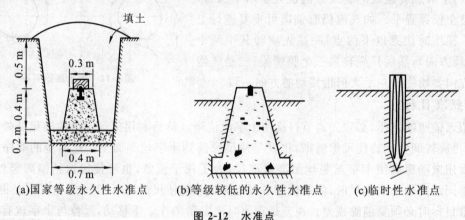

(a)国家等级永久性水准点　　(b)等级较低的永久性水准点　　(c)临时性水准点

图 2-12　水准点

2. 水准路线

在水准点间进行水准测量所经过的路线,称为水准路线。相邻两水准点间的路线称为测段。为了便于对水准路线成果进行正确的检核,一般水准路线布设主要有以下三种形式。

1) 附合水准路线

水准测量从一个已知高程的水准点开始,结束于另一已知高程的水准点,这种路线称为附合水准路线,如图 2-13(a)所示。对于附合水准路线,理论上在两已知高程水准点间所测得各站高差之和应等于起止两水准点间高程之差。如果它们不能相等,其差值称为高程闭合差,用 f_h 表示。所以,附合水准路线的高程闭合差为

$$f_h = \sum h - (H_{终} - H_{起}) \tag{2-6}$$

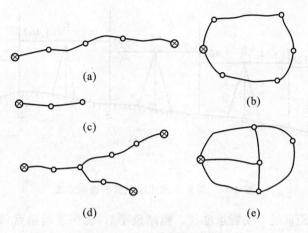

图 2-13　水准路线布设形式

2）闭合水准路线

水准测量从一已知高程的水准点开始，最后又闭合到这个水准点上的水准路线称为闭合水准路线，如图 2-13(b)所示。因为它起闭于同一个点，所以理论上全线各站高差之和应等于零。如果高差之和不等于零，则其差值即 $\sum h$ 就是闭合水准路线的高程闭合差，即

$$f_h = \sum h \qquad (2\text{-}5)$$

3）支水准路线

支水准路线是由一已知高程的水准点开始，最后既不附合也不闭合到已知高程的水准点上的一种水准路线，如图 2-13(c)所示。支水准路线必须在起止点间用往返测进行检核。理论上往返测所得高差的绝对值应相等，但符号相反，或者是往返测高差的代数和应等于零。如果往返测高差的代数和不等于零，其值即为支水准路线的高程闭合差，即

$$f_h = \sum h_{往} + \sum h_{返} \qquad (2\text{-}6)$$

有时也可以用两组并测来代替一组的往返测以加快工作进度。两组所得高差应相等，若不等，其差值即为支水准路线的高程闭合差，即

$$f_h = \sum h_1 - \sum h_2$$

4）水准网

当几条附合水准路线或闭合水准路线连接在一起时，就形成了水准网，如图 2-13(d)、(e)所示。水准网可使检核成果的条件增多，从而提高成果的精度。

3. 等外水准路线施测

水准路线施测工作包括水准路线的设计、水准点标石的埋设、水准测量外业观测和水准内业处理。

1）等外水准测量外业观测

等外水准路线测量的施测方法如图 2-14 所示，图中 A 点为已知高程的点，B 点、C 点为待求高程的点。首先在已知高程的起始点 A 上竖立水准尺，若 AB 间存在距离较远或不通视等情况，可在测量前进方向距 A 点不超过 200 m 处设立第一个转点 Z_1，必要时放置尺垫，并竖立水

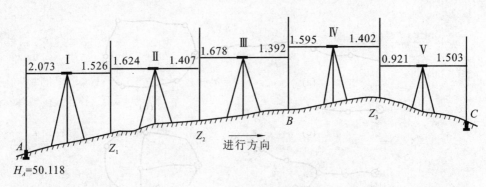

图 2-14 等外水准路线测量的施测方法

准尺。在离这两点等距离处Ⅰ安置水准仪。粗略整平后，先照准起始点 A 上的水准尺，用微倾螺旋使水准管气泡符合后，读取 A 点的后视读数；然后照准转点 Z_1 上的水准尺，水准管气泡符合后读取 Z_1 点的前视读数；将后视读数、前视读数均记入手簿表 2-1 中，并计算出这两点间的高差。此后在转点 Z_1 处的水准尺不动，仅把尺面转向前进方向。在 A 点的水准尺竖立在转点 Z_2 处，Ⅰ 测站的水准仪迁至与 Z_1、Z_2 两转点等距离的Ⅱ处。按第Ⅰ站同样的步骤和方法读取后视读数和前视读数，并计算出高差。如此继续进行直到待求高程点 B。B 点至 C 点可采用同样的方法测得。

表 2-1 普通水准测量手簿表

测站	测点	后视读数	前视读数	高差		高程	备注
				+	−		
Ⅰ	A	2.073		0.547		50.118	A 点高
	Z_1		1.526				程已知
Ⅱ	Z_1	1.624		0.217			
	Z_2		1.407				
Ⅲ	Z_2	1.678		0.286			
	B		1.392			51.168	
$\sum$		5.375	4.325	1.050			
计算检核	$\sum a - \sum b = 1.050$ $\quad \sum h = 1.050 \quad H_B - H_A = 1.050$						

2）水准测量成果的检核

为了保证水准测量成果的正确可靠，对水准测量的成果必须进行检核。

计算检核——在每一测段结束后必须进行计算检核。检查后视读数之和与前视读数之和的差 $\sum a - \sum b$ 是否等于各站高差之和 $\sum h$。如不相等，则计算中必有错误，应进行检查。但这种检核只能检查计算工作有无错误，而不能检查出测量过程中所产生的错误（如读错、记错）。

测站检核——为防止在一个测站上所测高差发生错误而在每个测站上对观测结果进行的检核，方法如下。

（1）两次仪器高法。在每个测站上一次测得两尺间的高差后，改变一下水准仪的高度，再次测量两转点间的高差。对于一般水准测量,当两次所得高差之差小于 5 mm 时可认为合格,取其平均值作为该测站所得高差,否则应进行检查或重测。

(2) 双面尺法。利用双面水准尺分别由黑面和红面读数测出的高差,扣除一对水准尺的常数差后,两个高差之差应符合限差,否则应进行检查或重测。

路线检核——在各种不同等级路线的水准测量中,都规定了高程闭合差的限值即容许高程闭合差,用 $f_{h容}$ 表示。一般等外水准测量的容许高程闭合差为

平地 $$f_{h容} = \pm 40\sqrt{L} \tag{2-7}$$

山地 $$f_{h容} = \pm 12\sqrt{n} \tag{2-8}$$

式中:L 为附合水准路线或闭合水准路线的长度,在支水准路线上,L 为测段的长度,以 km 为单位;n 为测站数。

当实际闭合差 f_h 小于容许高程闭合差时,表示观测精度满足要求,否则应对外业资料进行检查,必要时应返工重测。

任务 **4** 水准测量成果计算

1. 计算步骤

1) 高差闭合差的计算

检查外业观测手簿无误后,画出路线草图,标注各测段观测高差值。根据路线布设形式计算实际闭合差 f_h。

2) 高差闭合差的调整

当实际闭合差 f_h 小于容许高程闭合差时,可以按简易平差方法将闭合差分配到各测段上。分配的原则是取闭合差反号,根据各测段路线的长度或测站数按正比例分配到各测段上,故各测段改正数计算公式为

$$v_i = -\frac{f_h}{\sum L} L_i \tag{2-9}$$

或

$$v_i = -\frac{f_h}{\sum n} n_i \tag{2-10}$$

式中:L_i 和 n_i 分别为各测段路线之长和测站数;$\sum L$ 和 $\sum n$ 分别为水准路线总长和测站总数。

3) 计算待定点高程

根据已知点高程和各测段改正后的高差,依次推算出各待定点的高程。通常计算完毕后,还要再次检查水准路线闭合差,其值应为零。否则,应检查各项计算是否有误。

2. 水准测量成果计算示例

附合水准路线的高程计算示例见表 2-2。

表 2-2 附合水准路线的高程计算

点号	距离/km	实测高差/m	改正数/mm	改正后高差/m	高程/m
I₁					63.475
BM₁	1.9	+1.241	−12	+1.229	64.704
BM₂	2.2	+2.781	−14	+2.767	67.471
BM₃	2.1	+3.244	−13	+3.231	70.702
BM₄	2.3	+1.078	−14	+1.064	71.766
BM₅	1.7	−0.062	−10	−0.072	71.694
I₂	2.0	−0.155	−12	−0.167	71.527
$\sum$	12.2	+8.127	−75	+8.052	
辅助计算					

$$f_h = \sum h_{测} - (H_B - H_A) = +8.127 - (71.527 - 63.475) = +0.075 \text{ m}$$
$$f_h < f_{h容} = 40\sqrt{L} = \pm 0.140 \text{ m}$$

任务 5 三、四等水准测量

1. 三、四等水准测量规范要求

　　三、四等水准测量一般用于国家高层控制网的加密,在城市建设中用于建立小地区首级高程控制网,以及工程建设场区内的工程测量及变形观测的基本高程控制,地形测量时再用图根水准测量或三角高程测量进行加密。三、四等水准点的高程应从附近的一、二等水准点引测,布设成附合或闭合水准路线,其水准点位应选在土质坚硬、便于长期保存和使用的地方,并应埋设水准标石,也可利用埋石的平面控制点作为水准高程控制点。为了便于寻找,水准点应绘制点之记。工程测量规范(GB 50026—2007)对各等级水准测量每站观测主要技术要求见表 2-3,城市测量规范(CJJ/T 8—2011)的规定略有不同。

表 2-3 各等级水准测量每站观测主要技术要求(光学类仪器)

等级	水准仪的型号	视线长度/m	前后视距较差/m	前后视距累积差/m	视线离地面最低高度/m	黑面、红面读数较差/mm	黑、红面所测高差较差/mm
二等	DS₁	50	1/1(CJJ)	3/3(CJJ)	0.5	0.5	0.7
三等	DS₁	100	3/2(CJJ)	6/5(CJJ)	0.3	1.0	1.5
	DS₃	75				2.0	3.0
四等	DS₃	100	5/3(CJJ)	10/10(CJJ)	0.2	3.0	5.0
五等	DS₃	100	大致相等				

2．四等水准——测站观测步骤

（1）在测站上安置水准仪，使圆水准管气泡居中，照准后视水准尺黑面，用上、下视距丝读数，并记入表2-4中的(1)、(2)位置，转动微倾螺旋，使符合水准气泡居中，用中丝读数，记入表2-4中的(3)位置。

（2）照准前视水准尺黑面，用上、下视距丝读数，并记入表2-4中的(4)、(5)位置，转动微倾螺旋，使符合水准气泡居中，用中丝读数，记入表2-4中的(6)位置。

（3）照准前视水准尺红面，旋转微倾螺旋，使管水准气泡居中，用中丝读数，记入表2-4中的(7)位置。

表2-4　三、四等水准测量记录

测站编号	点号	后尺 上丝 下丝	前尺 上丝 下丝	方向及尺号	水准尺读数 黑面	水准尺读数 红面	$k+$黑$-$红 /mm	平均高差/m
		后视距	前视距					
		视距差	累积差 $\sum d$					
		(1) (2) (9) (11)	(4) (5) (10) (12)	后尺 前尺 后-前	(3) (6) (15)	(8) (7) (16)	(14) (13) (17)	(18)
1	BM2 ｜ TP1	1426 0995 43.1 +0.1	0801 0371 43.0 +0.1	后 106 前 107 后-前	1211 0586 +0.625	5998 5273 +0.725	0 0 0	+0.6250
2	TP1 ｜ TP2	1812 1296 51.6 -0.2	0570 0052 51.8 -0.1	后 107 前 106 后-前	1554 0311 +1.243	6241 5097 +1.144	0 +1 -1	+1.2435
3	TP2 ｜ TP3	0889 0507 38.2 +0.2	1713 1333 38.0 +0.1	后 106 前 107 后-前	0698 1523 -0.825	5486 6210 -0.724	-1 0 -1	0.8245
4	TP3 ｜ BM1	1891 1525 36.6 -0.2	0758 0390 36.8 -0.1	后 107 前 106 后-前	1708 0574 +1.134	6395 5361 +1.034	0 0	+1.1340
检核计算		$\sum(9)=169.5$ $\sum(10)=169.6$ $\sum(9)-\sum(10)=-0.1$ $\sum(9)+\sum(10)=339.1$		$\sum(3)=5.171$ $\sum(6)=2.994$ $\sum(15)=+2.177$ $\sum(15)+\sum(16)=+4.356$		$\sum(8)=24.120$ $\sum(7)=21.941$ $\sum(16)=+2.179$ $2\sum(18)=+4.356$		

（4）照准后视水准尺红面，转动微倾螺旋，使符合水准气泡居中，用中丝读数，记入表 2-4 中的（8）位置。以上（1）、（2）……（8）表示观测与记录的顺序，见表 2-4。

这样的观测顺序称为"后、前、前、后"。其优点是可以大大减弱仪器下沉等误差的影响。对四等水准测量每站观测顺序也可为"后、后、前、前"。

3. 四等水准数据每测站计算与检核

1）视距计算与检核

根据前、后视的上、下丝读数计算前、后视的视距（9）和（10）：

后视距离：　　　　　　　　　　（9）＝（1）－（2）

前视距离：　　　　　　　　　　（10）＝（4）－（5）

计算前、后视距差（11）：（11）＝（9）－（10），对于三等水准测量，（11）不得超过 3 m；对于四等水准测量，（11）不得超过 5 m。

计算前、后视距累积差（12）：（12）＝上站之（12）＋本站（11），对于三等水准测量，（12）不得超过 6 m；对于四等水准测量，（12）不得超过 10 m。

2）同一水准尺红、黑面中丝读数的检核

k 为双面水准尺的红面分划与黑面分划的零点差，配套使用的两把尺其 k 为 4687 或 4787，同一把水准尺其红、黑面中丝读数差按下式计算：

$$(13)＝(6)＋k－(7)，\quad (14)＝(3)＋k－(8)$$

（13）、（14）的大小，对于三等水准测量，不得超过 2 mm；对于四等水准测量，不得超过 3 mm。

3）高差计算与检核

按前、后视水准尺红、黑面中丝读数分别计算一站高差。

计算黑面高差（15）：　　　　　　　（15）＝（3）－（6）

计算红面高差（16）：　　　　　　　（16）＝（8）－（7）

红黑面高差之差（17）：　　　（17）＝（15）－（16）±0.100＝（14）－（13）（检核用）

式中，0.100 为单、双号两根水准尺红面零点注记之差，以米（m）为单位。

对于三等水准测量，（17）不得超过 3 mm；对于四等水准测量，（17）不得超过 5 mm。

4）计算平均高差

红、黑面高差之差在容许范围以内时，取其平均值作为该站的观测高差（18）：

$$(18)＝\frac{(15)＋(16)±0.100}{2}$$

3. 四等水准数据每页计算与检核

1）高差部分

红、黑面后视总和减红、黑面前视总和应等于红、黑面高差总和，还应等于平均高差总和的两倍。

当测站数为偶数时，$\sum[(3)＋(8)]－\sum[(6)＋(7)]＝\sum[(15)＋(16)]＝2\sum(18)$

当测站数为奇数时，$\sum[(3)＋(8)]－\sum[(6)＋(7)]＝\sum[(15)＋(16)]＝2\sum(18)±0.100$

2）视距部分

后视距离总和减前视距离总和应等于末站视距累积差，即

$$\sum(9) - \sum(10) = 末站(12)$$

校核无误后，算出总视距：

$$总视距 = \sum(9) + (10)$$

用双面尺法进行三、四等水准测量的记录、计算与校核，见表 2-4。

任务 **6** 高程测设

1. 视线高程法测设

高程测设的任务是将设计高程测设到指定的桩位上。高程测设主要用在场地平整、开挖基坑（槽）、测设楼层面、定道路（管道）中线坡度和定桥台桥墩的设计标高等场合。

高程测设的方法主要有水准测量法和全站仪高程测设法。水准测量法一般是采用视线高程法进行测设。

如图 2-15 所示，已知水准点 A 的高程 $H_A = 12.345$ m，欲在 B 点测设出某建筑物的室内地坪高程为 $H_B = 13.016$ m。

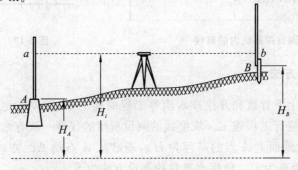

图 2-15　视线高程法测设

将水准仪安置在 A、B 两点的中间位置，在 A 点竖立水准尺，并精平仪器，读取 A 点上水准尺的中丝读数 $a = 1.358$ m，则视线高为 $H_i = H_A + a = 12.345$ m $+ 1.358$ m $= 13.703$ m。在 B 点木桩侧面立水准尺，设水准仪瞄准 B 点上水准尺的中丝读数为 b，则 b 应满足等式 $H_B = H_i - b$，由此可先计算出 b 为 $b = H_i - H_B = 13.703$ m $- 13.016$ m $= 0.687$ m，然后操作者指挥立尺者，上下移动水准尺，当其上的尺读数刚好为 0.687 m 时，沿尺底在木桩侧面画一横线，此时 B 点的高程就等于欲测设的高程。

2. 基坑内高程测设

如图 2-16 所示，水准点 A 的高程已知，欲在深基坑内测设出坑底的设计高程 H_B，可按下面

方法进行测设。

在深基坑一侧悬挂钢尺(尺的零端朝下,并挂一个质量约等于钢尺检定时的拉力的重锤),以代替水准尺作为高程测设时的标尺。

先在地面上的图示位置安置水准仪,精平后先后读取 A 点上水准尺的读数 a_1,钢尺上的读数 b_1;然后在深基坑内安置水准仪,读出钢尺上的读数为 a_2,假设 B 点水准尺上的读数为 b_2,则有等式成立,即 $H_B - H_A = h_{AB} = (a_1 - b_1) + (a_2 - b_2)$,由此可事先计算出测设数据 b_2 为:$b_2 = H_A + a_1 + a_2 - b_1 - H_B$。此时即可采用在木桩侧面画线的方法,沿尺底画线,使 B 点桩位侧面的水准尺读数等于 b_2。则 B 点的高程就等于设计高程 H_B。

3. 巷道顶高程点的测设

在地下坑道施工中,高程点位通常设置在坑道顶部。通常规定当高程点位于坑道顶部时,在进行水准测量时水准尺均应倒立在高程点上。如图 2-17 所示,A 点为已知高程 H_A 的水准点,B 点为待测设高程为 H_B 的位置点,由于 $H_B = H_A + a + b$,则在 B 点应有的标尺读数 $b = H_B - H_A - a$。因此,将水准尺倒立并紧靠 B 点木桩上下移动,直到尺上读数为 b 时,在尺底画出设计高程 H_B 的位置。

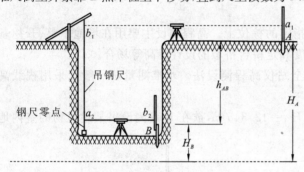
图 2-16 测设深基坑内的高程

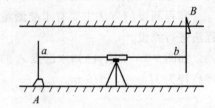
图 2-17 巷道顶高程点测设

4. 坡度线的测设方法

在修筑道路、敷设上下管道和开挖排水沟等工程的施工中,需要在地面上测设出设计的坡度线,以指导施工人员进行工程施工。坡度线的测设所用的仪器一般有水准仪和经纬仪。

如图 2-18 所示,设地面上 A 点的高程为 H_A,现欲从 A 点沿 AB 方向测设出一条坡度为 i 的直线,AB 间的水平距离为 D。使用水准仪的测设方法如下。

(1)首先计算出 B 点的设计高程为 $H_B = H_A - iD$,然后应用水平距离和高程测设方法测设出 B 点。

(2)在 A 点安置水准仪,使一脚螺旋在 AB 方向线上,另两脚螺旋的连线垂直于 AB 方向线,并量取水准仪的高度 i_A。

(3)用望远镜瞄准 B 点上的水准尺,旋转 AB 方向上的脚螺旋,使视线倾斜至水准尺读数为水准仪的高度 i_A 为止,此时,仪器视线坡度即为 i。

(4)在中间点 1、2 处打木桩,然后在桩顶上立水准尺,使其读数均等于水准仪的高度 i_A,这样各桩顶的连线就是测设在地面上的设计坡度线。

当设计坡度 i 较大,超出了水准仪脚螺旋的最大调节范围时,应使用经纬仪进行坡度线的测设,方法同上。

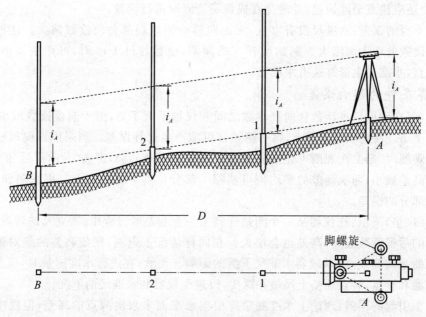

图 2-18 坡度线的测设

任务 7 水准测量误差及注意事项

1. 水准测量误差分析

水准测量的误差来源主要包括仪器误差、观测误差和外界条件影响三方面。在水准测量中，应充分考虑误差产生的原因，采取相应措施减弱或消除误差的影响。

1）仪器误差

残余误差：由于仪器校正的不完善，校正后仍存在部分余留误差，如视准轴与水准管轴不平行引起的误差、调焦引起的误差，观测中可保持前视和后视的距离相等，来消除这些误差。

水准尺的误差：包括分划误差和构造上的误差，构造上的误差如零点误差和接头误差。另外受其他因素影响，造成的尺长变化、弯曲、零点磨损等，都会影响水准测量的成果。所以，使用前应对水准尺进行检验。

2）观测误差

气泡居中误差：视线水平是以气泡居中或符合为根据的，气泡的居中或符合凭肉眼来判断，也存在判断误差。气泡居中的精度主要决定于水准管的分划值。为了减小气泡居中误差的影响，应对视线长加以限制，观测时应使气泡精确地居中或符合。

水准尺的估读误差：水准尺上的毫米数都是估读的，估读误差与望远镜的放大率及视线的长度有关。在各种等级的水准测量中，对望远镜的放大率和视线长的限制都有一定的要求。此外,在观测中还应注意消除视差,并避免在成像不清晰时进行读数。

水准尺不直的误差:水准尺没有立直,无论向哪一侧倾斜都会使读数偏大。这种误差随尺的倾斜角和读数的增大而增大。例如尺有 3° 的倾斜,读数超过 1 m 时,可产生 2 mm 的误差。为使尺能扶直,水准尺上最好装有水准器。

3) 外界条件的影响误差

仪器下沉:在读取后视读数和前视读数之间若仪器下沉了 Δ,由于前视读数减少了 Δ 从而使高差增大了 Δ。在松软的土地上,每一测站都可能产生这种误差。当采用双面尺法或两次仪器高法进行观测时,第二次观测可先读前视点 B,然后读后视点 A,即按"后前前后"的顺序读数,则可使所测高差减小,两次高差的平均值可消除一部分仪器下沉的误差。用往测和返测时,同样也可消除部分的误差。

水准尺(尺垫)下沉:在仪器从一个测站迁到下一个测站的过程中,若立尺的转点下沉了,则使下一测站的后视读数偏大,高差也会增大。在同样情况下返测,则使高差的绝对值减小。所以取往返测的平均高差,可以减弱水准尺下沉的影响。当然,在进行水准测量时,应选择坚实的地点安置仪器和转点,转点须垫上尺垫并踩实,以避免仪器和水准尺的下沉。

地球曲率引起的误差:理论上水准测量应根据水准面来求出两点的高差,但视准轴是一直线,因此读数中含有由地球曲率引起的误差 p:

$$p = \frac{s^2}{2R} \tag{2-11}$$

式中:s 为视线长;R 为地球的半径。

大气折光引起的误差:水平视线经过密度不同的空气层被折射,一般情况下形成一条向下弯曲的曲线,它与理论水平线的读数之差,就是由大气折光引起的误差 r(见图 2-19)。实验得出:大气折光误差比地球曲率误差要小,是地球曲率误差的 K 倍,在一般大气情况下,$K = 1/7$,故

$$r = K\frac{S^2}{2R} = \frac{S^2}{14R} \tag{2-12}$$

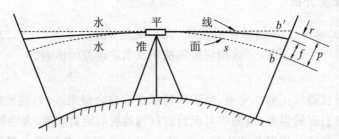

图 2-19 地球曲率和大气折光

水平视线在水准尺上的实际读数为 b',它与按水准面得出的读数 b 之差,就是地球曲率和大气折光总的影响值 f。故

$$f = p - r = 0.43\frac{S^2}{R} \tag{2-13}$$

当前视、后视距离相等时,这种误差在计算高差时可自行消除。但是离近地面的大气折光变化十分复杂,即使保持前视、后视距离相等,大气折光误差也不能完全消除。由于 f 值与距离的平方成正比,所以限制视线的长度可以使这种误差大为减小,此外使视线离地面尽可能高些,

也可减弱折光变化的影响。

自然环境的影响:除了上述各种误差来源外,测量工作中的影响也会带来误差。如风吹、日晒、温度的变化和地面水分的蒸发等引起的仪器状态变化、视线跳动等。所以,观测时应注意自然环境带来的影响。为了防止日光曝晒,仪器应打伞保护。无风的阴天是最理想的观测天气。

2. 水准测量注意事项

水准测量应根据测量规范规定的要求进行,以减小误差和防止错误发生。另外,在水准测量过程中,还应注意以下事项。

(1) 水准仪和水准尺必须经过检验和校正才能使用。

(2) 水准仪应安置在坚固的地面上,并尽可能使前、后视距离相等,观测时手不能放在仪器或三脚架上。

(3) 水准尺要立直,尺垫要踩实。

(4) 读数前要消除视差并使符合水准气泡严格居中,读数要准确、快速,不可读错。

(5) 记录要及时、规范、清楚。记录前要复诵观测者报出的读数,确认无误后方可记入观测手簿中。

(6) 不得涂改或用橡皮擦掉外业数据。观测时若所记数据不能按要求更改时,要用斜线划去,另起行重记。

(7) 测站上观测和记录计算完成后要检核,发现错误或超出限差要立即重测。

(8) 注意保护测量仪器和工具,装箱时脚螺旋、微倾螺旋和微动螺旋要放在中间位置。

任务 8 微倾式水准仪的检验与校正

仪器在经过运输或长期使用后,其各轴线之间的关系会发生变化。为保证测量工作能得出正确的成果,要定期对仪器进行检验和校正。

1. 水准仪应满足的条件

微倾式水准仪的主要轴线包括视准轴、竖轴、水准管轴和圆水准器轴,它们之间应满足的几何条件如下:

(1) 圆水准器轴应平行于仪器的竖轴;

(2) 十字丝的横丝应垂直于仪器的竖轴;

(3) 水准管轴应平行于视准轴。

2. 水准仪的检校

1) 圆水准器轴平行于仪器竖轴的检验与校正

检验:旋转脚螺旋使圆水准器气泡居中,然后将仪器上部在水平方向绕竖轴旋转180°,若气泡仍居中,则表示圆水准器轴已平行于竖轴,若气泡偏离中央则需进行校正。

校正:用脚螺旋使气泡向中央方向移动偏离量的一半,然后拨圆水准器的校正螺丝使气泡居中,如图 2-20 所示。

上述检验与校正需反复进行,使仪器上部旋转到任何位置气泡都能居中为止,然后拧紧螺丝。当校正某个螺丝时,必须先旋松后拧紧,以免破坏螺丝,校正完毕时,必须使校正螺旋都处于旋紧状态。

2) 十字丝横丝垂直于仪器竖轴的检验和校正

检验:距墙面 10～20 m 处安置仪器,先用横丝的一端照准墙上一固定清晰的目标点或在水准尺上读一个数,然后用微动螺旋转动望远镜,用横丝的另一端观测同一目标或读数。如果目标仍在横丝上或水准尺上读数不变(见图 2-21(a)),说明横丝已与竖轴垂直。若目标点偏离了横丝或水准尺上读数有变化(见图 2-21(b)),则说明横丝与竖轴没有垂直,应予以校正。

校正:打开十字丝分划板的护罩,可见到三个或四个分划板的固定螺丝(见图 2-22)。松开这些固定螺丝,用手转动十字丝分划板座,使横丝的两端都能与目标重合或使横丝两端所得水准尺读数相同,则校正完成,最后旋紧所有固定螺丝。此项校正也需反复进行。

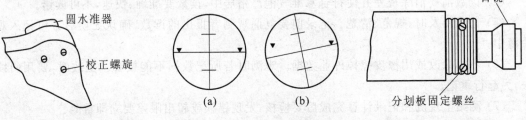

图 2-20 圆水准器校正螺丝　　　图 2-21 十字丝垂直竖轴的检验　　　图 2-22 十字丝的校正

3) 视准轴平行于水准管轴的检验和校正

检验:在平坦地面上选定相距 40～60 m 的 A、B 两点,水准仪首先置于离 A、B 点等距的 Ⅰ点,测得 A、B 两点的高差(见图 2-23(a)),重复测两到三次,当所得各高差之差不大于 3 mm 时取其平均值 h_I。若视准轴与水准管轴不平行而存在 i 角误差(两轴的夹角在竖直面的投影),由于仪器至 A、B 两点的距离相等,因此由于视准轴倾斜,而在前、后视读数所产生的误差 δ 也相等,因此所得 h_I 是 A、B 两点的正确高差。

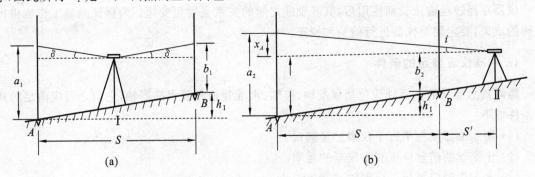

图 2-33 视准轴平行水准管轴的检验

然后把水准仪移到 AB 延长方向上靠近 B 点的Ⅱ点,再次观测 A、B 两点的尺上读数(见图 2-20(b))。由于仪器距 B 点很近,S' 可忽略,两轴不平行造成在 B 点尺上的读数 b_2 的误差也可忽略不计。由图 2-23(b)可知,此时 A 点尺上的读数为 a_2,而正确读数应为

$$a_2' = b_2 + h_I$$

此时可计算出 i 角的值为

$$i=\frac{a_2-a_2'}{S}\rho''=\frac{a_2-b_2-h_1}{S}\rho'' \qquad (2\text{-}14)$$

S 为 A、B 两点间的距离,对于 S_3 型水准仪,当后、前视距差未作具体限制时,一般规定在 100 m 的水准尺上读数误差不超过 4 mm,即 a_2 与 a_2' 的差值超过 4 mm 时应进行校正。当后、前视距差给予较严格的限制时,一般规定 i 角不得大于 $20''$,否则应进行校正。

校正:为了使水准管轴和视准轴平行,转动微倾螺旋使远点 A 的尺上读数 a_2 改变到正确读数 a_2'。此时视准轴由倾斜位置改变到水平位置,但水准管也因随之变动而使气泡不再符合。用校正针拨动水准管一端的校正螺丝使气泡符合,则水准管轴也处于水平位置从而使水准管轴平行于视准轴。水准管的校正螺丝如图 2-24 所示,校正时先松动左右两校正螺丝,然后拨上下两校正螺丝使气泡符合。拨动上下校正螺丝时,应先松一个再紧另一个,逐渐改正,当校正完毕时,所有校正螺丝都应适度旋紧。检验校正也需要反复进行,直到满足要求为止。

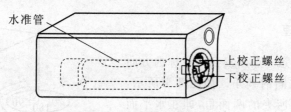

图 2-24　水准管的校正螺丝

经纬仪的使用

任务 **1** 掌握测角原理

1. 水平角测角原理

水平角是地面上任意一点出发到两目标的方向线在水平面上的投影之间的夹角。如图 3-1 所示，过 OA 和 OC 两竖直面所夹的两面角，即在水平面上的投影角：

$$\beta = \angle A_1 O' C_1$$

从图上可以看出，A、$B(O)$、C 为地面上的任意三点，为测量 $\angle AOC$ 的大小，设想在 O 点沿铅垂线上方，放置一按顺时针注记的水平度盘（$0° \sim 360°$），使其中心位于角顶的铅锤线上。过 OA 铅垂面通过水平度盘的读数为 a，过 OC 铅垂面通过水平度盘的读数为 b，则 $\angle AOC$ 的大小即为水平角 β 的两读数之差，即：

$$\beta = b - a \tag{3-1}$$

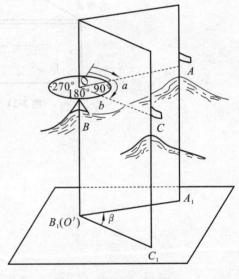

图 3-1 水平角测角原理

2. 竖直角测角原理

在同一竖直面内，目标方向与水平方向的夹角称为竖直角。目标方向在水平方向以上称为仰角，角值为正；目标方向在水平方向以下称为俯角，角值为负。

在图 3-2 中可以看出要测定的竖直角，可在 O 点放置竖直度盘，在竖直度盘上读取视线方向读数，将视线方向与水平方向读数之差，即为所求竖直角。

$$\alpha = 目标视线读数 - 水平视线读数$$

设 Z 为天顶距（即地面点 O 垂直方向的北端，顺时针转至观测视线 OA 方向线的夹角）。天顶距与竖直角的关系为：

$$Z = 90° - \alpha \tag{3-2}$$

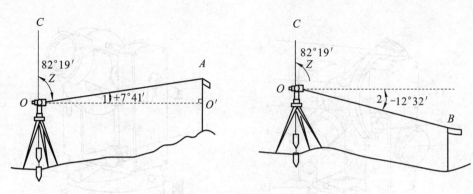

图 3-2　竖直角测角原理

任务 2　熟悉经纬仪及其使用

1. 认识经纬仪

经纬仪是观测角度的常用仪器,分为光学经纬仪和电子经纬仪两类。光学经纬仪利用几何光学的放大、反射、折射等原理进行度盘读数;电子经纬仪则利用物理光学、电子学和光电转换等原理显示光栅度盘读数。按精度划分,我国生产的经纬仪有 DJ_1、DJ_2、DJ_6 等几个等级,D、J 分别为"大地"和"经纬仪"的汉字拼音首字母,1、2、6 分别为该经纬仪的精度指标,单位为 s,表示该经纬仪一测回方向观测中误差的大小。本节主要讲解 DJ_6 经纬仪。

1) DJ_6 经纬仪基本结构

经纬仪由基座、照准部以及度盘和读数系统三大部分组成,如图 3-3 所示为北京光学仪器厂生产的 DJ_6 经纬仪。

(1) 基座。基座由脚螺旋、竖轴轴套、三角压板组成。

(2) 水平度盘。J_6 级光学经纬仪的水平度盘为 $0°\sim360°$ 全圆刻划的玻璃圆环,其分划值(相邻两刻划间的弧长所对的圆心角)为 $1°$。度盘上的刻划线注记按顺时针方向增加。测角时,水平度盘不动。若想使其转动,可通过拨动度盘变换手轮来实现。

(3) 照准部。照准部系指基座以上在水平面上绕竖轴旋转的整体部分。照准部的组成构件主要有望远镜及 U 形支架、竖直度盘、横轴、管水准器、圆水准器、水平制动和微动螺旋、竖直制动和微动螺旋、光学对中器及读数装置等。望远镜、竖直度盘和横轴固连在一起与横轴一起安装在支架上。

2) DJ_6 经纬仪读数方法

(1) 分微尺测微器及读数方法。分微尺测微器的结构简单,读数方便,在读数显微镜中可以看到两个读数窗,如图 3-4 所示注有"H"(或"—")的是水平度盘读数窗;注有"V"(或"⊥")的是竖盘读数窗。度盘两分划线之间的分划值为 $1°$,分微尺共分 $0\sim6$ 个大格,每一大格为 $10'$,每一小格为 $1'$,全长 $60'$,估读精度为 $0.1'$。在图 3-7 中水平度盘的读数为 $134°53'48''$;竖直度盘的读数为 $87°58'36''$。

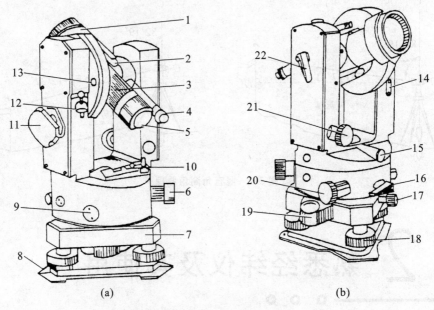

图 3-3　经纬仪的主要构造

1—望远镜物镜；2—粗瞄器；3—对光螺旋；4—读数目镜；5—望远镜目镜；6—转盘手轮；7—基座；
8—导向板；9、13—堵盖；10—水准器；11—反光镜；12—自动归零旋钮；14—调指标差盖板；
15—光学对点器；16—水平制动扳钮；17—固定螺旋；18—脚螺旋；19—圆水准器；
20—水平微动螺旋；21—望远镜微动螺旋；22—望远镜制动扳钮

（2）单平板玻璃测微器及读数方法。单平板玻璃测微器读数窗的影像，下面的窗格为水平度盘影像，中间的窗格为竖直度盘影像，上面的窗格为测微尺影像。如图 3-5 所示，测微尺全长为 $30'$，将其分为 30 大格，1 大格又分为 3 小格。因此测微尺上每一大格为 $1'$，每小格为 $20''$，估读至 0.1 小格（$2''$）。读数时，转动测微轮，使度盘某一分划线精确地夹在双指标线中央，先读取度盘分划线上的读数，再读取测微尺上指标线读数，最后估读不足一分划值的余数，三者相加即为读数结果。如图 3-5（a）所示，竖盘读数为 $92°+17'40''=92°17'40''$。如图 3-5（b）所示，水平读数为 $4°30'+12'30''=4°42'30''$。

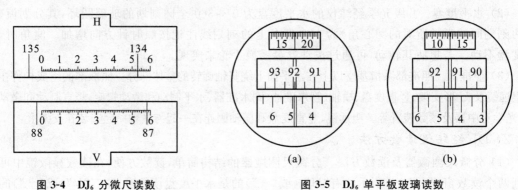

图 3-4　DJ_6 分微尺读数　　　　　图 3-5　DJ_6 单平板玻璃读数

3）经纬仪测角常用设备

经纬仪测角常用设备如图 3-6 所示。

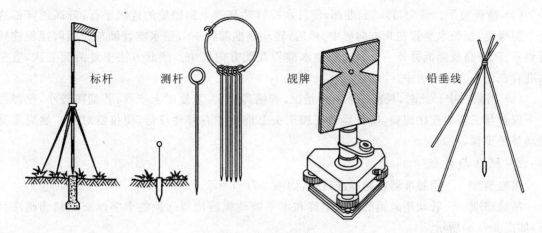

标杆　　测杆　　觇牌　　铅垂线

图 3-6　经纬仪测角常用设备

2. 经纬仪的轴线及其应满足的条件

1）经纬仪的主要轴线

仪器旋转轴（简称竖轴）VV；照准部水准管轴 LL；望远镜的旋转轴 HH；视准轴 CC。

2）经纬仪应满足的条件

仪器出厂时，一般都能满足上述几何关系。但在运输或使用过程中由于震动等因素的影响，轴线间可能不满足几何条件。因此，应经常对所用经纬仪进行检验与校正。

经纬仪必须满足下列几个条件：

（1）照准部水准管轴应垂直于竖轴，即 LL⊥VV；

（2）视准轴应垂直于横轴，即 CC⊥HH；横轴应垂直于竖轴，即 HH⊥VV；

（3）十字丝竖丝垂直于横轴；竖盘指标差为零；

（4）光学对中器视准轴的折光轴应与仪器竖轴重合位于铅垂线上。

3. DJ$_6$ 经纬仪的使用

经纬仪的使用，一般分为对中、整平、调焦瞄准和读数四个步骤。对中的目的：使水平度盘中心和测站点标志中心在同一铅垂线上。整平的目的：使水平度盘处于水平位置和仪器竖轴处于铅垂位置。

1）经纬仪的对中、整平

经纬仪安置、对中、整平的操作步骤如下。

（1）安置仪器。首先，松开三脚架腿的固定螺旋，同时提起三个架腿（这样使三个架腿一样高），高度根据观测者身高确定，拧紧固定螺旋，打开三脚架，使架头大致保持水平，并使架头中心初步对准测站标志中心；然后，开箱取出仪器，连接在三脚架上。

（2）粗略对中。一架腿固定，抬起另外两架腿上、下、左、右移动，使光学对中器十字丝中心与地面上测量标志重合。

（3）粗略整平。通过升降三个架腿，使圆水准器居中。观察一下对中情况，若偏离较大，重复粗略对中步骤；若偏离较小，继续进行以下步骤。

（4）精确整平。首先，转动照准部，使长水准管轴与两个脚螺旋的连线平行，升高或降低这两个脚螺旋，使长水准管在此方向居中；然后，转动照准部约90°，使水准管轴与原两脚螺旋连线近似垂直，升高或降低另外一个脚螺旋使水准管在此方向居中。照此方法重复两到三次，直至水准管在任一方向都居中。

（5）精确对中。此时，观察一下对中情况，若偏离较大，重复以上步骤；若偏离较小，稍微松一下仪器与三脚架连接螺旋，使仪器在三脚架头上前后左右移动仪器，使仪器对中。然后重复精确整平步骤。

2）照准与读数

粗略瞄准——用瞄准器粗略瞄准目标，如图3-7（a）所示。

精确瞄准——转动望远镜的微动螺旋和水平微动螺旋使望远镜的十字丝交点精确瞄准目标，如图3-7（b）所示。

读数——调节反光镜使光线照到读数窗上，要调节到充分的亮度，使读数分划线清晰，然后读取读数窗内数据。

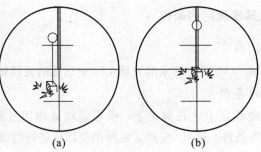

(a)　　　　　　(b)

图 3-7　瞄准目标

任务 3 水平角测角方法

1. 测回法

测回法是观测水平角的一种最基本方法，常用于观测两个方向的单个水平夹角。如图3-8所示，观测β角步骤如下。

（1）在O点安置经纬仪：对中、整平、调焦、照准。

（2）盘左（即竖盘在望远镜的左侧，又称正镜）：先瞄准左方目标A，转动测微轮使水平度盘读数为$a_{左}$ $=0°00'00''$，记入观测手簿（见表3-1）；松开水平制动

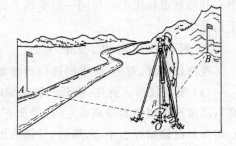

图 3-8　测回法测角

螺旋，顺时针方向转动照准部再瞄准右方目标B，读取水平度盘读数$b_{左}=92°24'12''$，记入观测手簿。

表 3-1 测回法测水平角记录簿

测站	竖直度盘	目标	水平度盘读数 °	'	"	半测回值 °	'	"	一测回值 °	'	"	各测回平均值 °	'	"
O	盘左	A	0	02	12	92	22	06						
		B	92	24	18				92	22	09			
	盘右	A	180	02	06	92	22	12						
		B	272	24	18							92	24	08
O	盘左	A	90	02	18	92	22	12						
		B	182	24	30				92	22	06			
	盘右	A	270	02	12	92	22	00						
		B	2	24	12									

盘左水平角为

$$\beta_左 = b_左 - a_左$$

称为上半测回。

（3）盘右（即竖盘在望远镜的右侧，又称倒镜）：先瞄准右方目标 B，读记水平度盘读数 $b_右$；再逆时针方向转动照准部，瞄准左方目标 A，读记水平度盘读数 $a_右$，则盘右水平角为

$$\beta_右 = b_右 - a_右$$

称为下半测回。

（4）J_6 级光学经纬仪盘左、盘右允许误差：

$$\beta_左 - \beta_右 \leqslant \pm 40''$$

一测回取其平均值 $\beta = \beta_左 + \beta_右$ 为正确角值。上半测回与下半测回合称一测回。当需要用测回法测 n 个测回时，为了减小度盘刻划不均匀误差的影响，各测回之间要按 $180°/n$ 的差值变换度盘的起始位置。如 $n=4$，各测回的起始方向读数为 $0°$、$45°$、$90°$ 和 $135°$。

2. 方向观测法

当在同一测站上需要观测三个以上方向时，通常用方向观测法观测水平角。如图 3-9 所示，欲在 O 点一次测出 α、β 和 γ 三个水平角。其观测步骤和计算方法如下。

1）观测步骤

在测站点 O 安置经纬仪：对中、整平、调焦、照准。

盘左，瞄准 A 点转动测微轮使水平度盘读数为 $0°00'00''$，并记入表 3-2，然后顺时针转动仪器，依次瞄准 B、C、D、A，读记水平度盘读数，见表 3-2（称为上半测回）。

盘右，逆时针转动仪器，按 A、D、C、B、A 的顺序依次瞄准目标，读记水平度盘读数。见表 3-2（称为下半测回）。

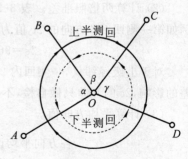

图 3-9 方向观测法

表 3-2　方向观测法测水平角记录手簿

日期：　　　　　　　　　　　　天　气　　　　　　班　级

仪器：　　　　　　　　　　观 测 者　　　　　　记 录 着

测站	测回数	目标	读　数 盘左			读　数 盘右			$2c$ =盘左读数－(盘右读数±180°)	平均读数 =1/2[左+右±180°]			归零后的方向值			各测回归零后方向值的平均值		
			°	′	″	°	′	″		°	′	″	°	′	″	°	′	″
O	1									0	02	06						
		A	0	02	00	180	02	06	−6″	0	02	03	0	00	00	0	00	00
		B	96	53	54	276	53	48	+6″	96	53	51	96	51	45	96	51	42
		C	143	33	36	323	33	36	0″	143	33	36	143	31	30	143	31	30
		D	214	07	00	34	07	06	−6″	214	07	03	214	04	57	214	05	00
		A	0	02	12	180	02	06	+6″	0	02	09						
			Δ左＝+12			Δ右＝00				90	03	07						
O	2	A	90	03	00	270	03	02	−2″	90	03	01	0	00	00			
		B	186	54	38	6	54	56	−18″	186	54	47	96	51	40			
		C	233	34	32	53	34	44	−12″	233	34	38	143	31	31			
		D	304	08	06	124	08	12	−06″	304	08	09	214	05	02			
		A	90	03	14	270	03	14	0	90	03	14						
			Δ左＝+14			Δ右＝+12												

以上过程为一测回。当需要观测 n 个测回时，测回数仍按 $180°/n$ 的差值变换度盘的起始位置。此外，起始于 A 点又终止于 A 点的过程称为归零的方向观测法，又称全圆方向观测法。

2）观测数据计算

（1）计算归零差。起始方向的两次读数的差值称为半测回归零差，以 Δ 表示。例如，表 3-2 中盘左的归零差为 $Δ_左=0°02'12''-0°02'00''=+12''$，盘右的归零差为 $Δ_右=0''$。对 J_6 级仪器，Δ 应小于 $±18''$（J_2 级不应超过 $±12''$），否则应查明原因后重测。

（2）计算两倍照准差。表 3-2 中 $2c$ 称为两倍照准差。$2c=$ 盘左读数－（盘右读数±180°）。例如第一测回 OB 方向的 $2c$ 值为：

$$2c=96°51'54''-(276°51'48''-180)=+6''$$

对于 J_2 级经纬仪，一测回内 $2c$ 的变化范围不应超过 $±18''$；对 J_6 级经纬仪，考虑到度盘偏心差的影响，$2c$ 的互差只做自检，不做限差规定。方向观测限差的要求见表 3-3。

（3）计算平均方向值。

$$各方向平均读数=\frac{1}{2}\left[盘左读数+（盘右读数±180°）\right]$$

例如第一测回 OB 方向的平均方向值为 $96°51'54''+（276°51'48''-180）=96°51'51''$。由于 OA 方向有两个平均方向值，故还应将这两个平均值再取平均，得到唯一的一个平均值，填在对应列的上端，并用圆括号括起来。如第一测回 OA 方向的最终平均方向值为：

$$\frac{1}{2}\times(0°00'03''+0°00'09'')=0°00'06''$$

（4）计算归零后方向值。将起始方向值化为零后各方向对应的方向值称为归零后方向值，即归零后方向值等于平均方向值减去起始方向的平均方向值。如第一测回 OB 方向的归零后方向值为：

$$96°51'51''-0°00'06''=96°51'45''$$

（5）计算归零后方向平均值。如果在一测站上进行多测回观测，当同一方向各测回之归零方向值的互差对 J_6 级仪器不超过 $\pm24''$（J2 级不超过 $\pm12''$）时，取平均值作为结果。例如表 3-2 中 OB 方向两测回的平均归零后方向值为：

$$96°51'45''+96°51'40''=96°51'42''$$

（6）计算水平角。任意两个方向值相减，即得这两个方向间的水平夹角。如 OB 与 OC 方向的水平角为：

$$\angle BOC=143°31'30''-96°51'42''=46°39'48''$$

表 3-3　方向观测限差的要求

经纬仪型号	半测回归零差 ″	一测回 2c 互差 ″	同一方向各测回互差 ″
DJ$_2$	8	13	9
DJ$_6$	18		24

任务 4 竖直角测角方法

1. 竖直角计算公式

一般经纬仪竖盘构造为天顶式顺时针注记，当望远镜视线水平，竖盘指标水准管气泡居中时，读数指标处于正确位置，竖盘读数一般为常数 90° 或 270°。

图 3-10(a)所示为盘左位置，望远镜的视线水平时竖盘读数为 90°，当望远镜仰起，读数减小，倾斜视线与水平视线所构成的竖直角为 $\alpha_左$。设视线方向的读数为 L，则竖直角计算公式为：

$$\alpha_左=90°-L$$

图 3-10(b)所示为盘右位置，望远镜的视线水平时竖盘读数为 270°。当望远镜仰起，读数增大，倾斜视线与水平视线所构成的竖直角为 $\alpha_右$。设视线方向的读数为 R，则竖直角计算公式为：

$$\alpha_右=R-270°$$

竖直角的平均值：

$$\alpha=\frac{1}{2}(\alpha_左+\alpha_右)$$

$$\alpha=\frac{1}{2}(R-L-180°) \tag{3-3}$$

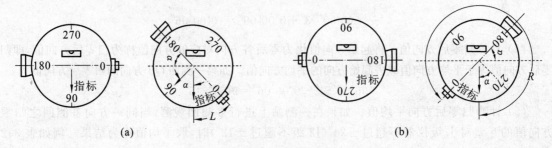

图 3-10 竖直角计算

2. 竖盘指标差公式

竖直角的计算公式是在指标处于正确位置,即盘左和盘右望远镜水平时竖盘常数分别为 $90°$(或 $270°$)。由于仪器长期使用当气泡居中时,可能指标所处的实际位置与相应的正确位置有偏差角 x,x 称为指标差。图 3-11 所示为天顶距式竖盘指标差的示意图。

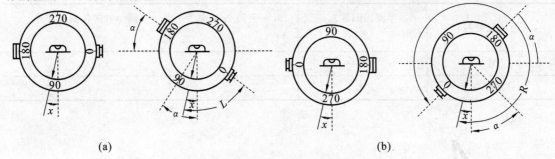

图 3-11 天顶距式竖盘指标差

盘左在望远镜水平竖盘读数实际上是 $90°+x$,盘右实际上是 $270°+x$。故盘左、盘右观测的正确竖直角应为:

$$\alpha_左 = (90°+x) - L \tag{3-4}$$

$$\alpha_右 = R - (270°+x) \tag{3-5}$$

由上两式可以导出:

$$x = \frac{1}{2}(L + R - 360°) \tag{3-6}$$

式(3-6)便是天顶距式竖盘的指标差计算公式。

由式(3-4)和式(3-5)推导得:

$$\alpha_左 = (90°+x) - L = (90°-L) + x$$

$$\alpha_右 = R - (270°+x) = (R-270°) - x$$

$$\alpha = \alpha_左 - x$$

$$\alpha = \alpha_右 + x$$

$$\alpha = \frac{1}{2}(\alpha_左 + \alpha_右)$$

故盘左、盘右在观测同一竖直角时取其平均值,即可以消除指标差的影响。当通过式(3-6)计算的指标差 $x \geqslant 1'$ 时仪器的指标差需要校正。

任务 5 水平角度测设

水平角度测设的任务是,根据地面已有的一个已知方向,将设计角度的另一个方向测设到地面上。水平角测设的仪器是经纬仪或全站仪。

1. 正倒镜分中法

如图 3-12(a)所示,设地面上已有 AB 方向,要在 A 点以 AB 为起始方向,向右侧测设出设计的水平角 β。将经纬仪(或全站仪)安置在 A 点后,其测设工作步骤如下。

(1) 盘左瞄准 B 点,读取水平度盘读数为 L_A,松开制动螺旋,顺时针转动仪器,当水平度盘读数约为 $L_A+β$ 时,制动照准部,旋转水平微动螺旋,使水平度盘读数准确对准 $L_A+β$,在视线方向上定出 C' 点。

(2) 倒转望远镜成盘右位置,瞄准 B 点,按与上步骤相同的操作方法定出 C'' 点;取 $C'C''$ 的中点为 C_1,则 $\angle BAC_1$ 即为所测设的 β 角。

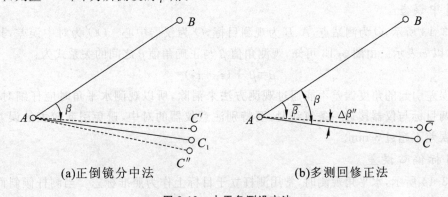

(a)正倒镜分中法　　　　　(b)多测回修正法

图 3-12　水平角测设方法

2. 多测回修正法

如图 3-12(b)所示,先用正倒镜分中法测设出 β 角定出 $\overline{C}$。然后用多测回修正法测量 $\angle BA\overline{C}$(一般 2~3 测回),设角度观测的平均值为 $\overline{β}$,则其与设计角值 β 的差 $Δβ=\overline{β}-β$(以 s 为单位),如果 AC_1 的水平距离为 D,则 $\overline{C}$ 点偏离正确点位 C 的距离为:

$$C\overline{C}=D\tanΔβ=D\frac{Δβ}{\overline{β}}$$

假若 D 为 123.456 m,$Δβ=-12''$,则 $C\overline{C}=7.2$ mm。因 $Δβ<0$,说明测设的角度小于设计的角度,所以应对其进行调整。此时,可用小三角板,从 C_1 点起,沿垂直于 AC_1 方向的垂线向外量 7.2 mm 定出 C 点,则 $\angle BAC$ 即为最终测设的 β 角度。

任务 6 角度测量误差分析及主要事项

角度的测量误差来源主要有仪器误差、观测误差和外界条件的影响三个方面。

1. 仪器误差

仪器误差的来源主要有两个方面：一方面是仪器检校后还存在残余误差；另一方面是仪器制造、加工不完善而引起的误差。可以采用适当的观测方法来减弱或消除其中一些误差。如视准轴不垂直于横轴、横轴不垂直于竖轴及度盘偏心等误差，可通过盘左、盘右观测取平均值的方法消除；度盘刻划不均匀的误差可以通过改变各测回度盘起始位置的办法来削弱。但是仪器竖直轴倾斜引起的水平角测量误差，无法采用一定的观测方法消除。因此，在经纬仪使用之前应严格检校，确保水准管轴垂直于竖轴；同时在观测过程中，仪器应严格整平。

2. 观测误差

1）对中误差

如图 3-13 所示，O 为测站点，A、B 为观测目标，O' 为仪器中心。OO' 为对中误差，其长度称为偏心距，以 e 表示。由图 3-13 可知，观测角值 β' 与正确角值 β 之间的关系式为：

$$\beta = \beta' + (\varepsilon_1 + \varepsilon_2)$$

对中误差引起的角度误差不能通过观测方法来消除，所以观测水平角时应仔细对中，当边长较短或两目标与仪器接近一条直线时，要特别注意仪器的对中，避免引起较大的误差。一般规定对中误差不超过 3 mm。

2）目标偏心误差

如图 3-14 所示，水平角观测时，常用测杆立于目标上作为照准标志。当测杆倾斜而又瞄准测杆上部时，将使照准点偏离地面目标而产生目标偏心差。设照准点至地面的测杆长度为 L，测杆与铅垂线的夹角为 γ，则照准点的偏心距 e 对水平角的影响，类似于对中误差的影响，边长越短，测杆越倾斜，瞄准点越高，影响就越大。因此，在观测水平角时，测杆要竖直，并且尽量瞄准其底部，以减小目标倾斜引起的水平角观测误差 $\Delta\beta$。

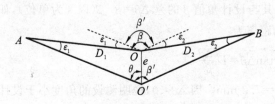

图 3-13　仪器对中误差

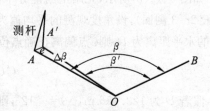

图 3-14　目标偏心误差

3）整平误差

整平误差引起竖轴倾斜，且正、倒镜观测时的影响相同，因而不能消除。故观测时应严格整平仪器。当发现水准管气泡偏离零点超过一格时,要重新整平仪器,重新观测。

4)照准误差

影响照准的因素很多,现只从人眼的鉴别能力做简单的说明。人眼分辨两个点的最小视角约为 $60''$。以此作为眼睛的鉴别角。设望远镜的放大倍率为 28 倍,则该仪器的瞄准误差为:

$$m_o = \pm \frac{60''}{28} = \pm 2.1''$$

另外,照准误差与目标的大小、形状、颜色和大气的透明度等有关。因此,在水平角观测中应尽量消除误差,选择适宜的照准标志,熟练操作仪器,掌握照准方法并仔细照准。

5)读数误差

DJ$_6$ 经纬仪用分微尺测微器读数时,一般可估到最小格分化值的 1/10,则读数误差 $m_o = \pm 6''$。

3. 外界条件的影响

外界条件对观测质量有直接影响。如:松软的土壤和大风影响仪器的稳定性;日晒和温度变化影响仪器整平;大气层受地面热辐射的影响会引起物像的跳动;观测时大气透明度和光线的不足影响照准精度等。因此,要选择目标成像清晰而稳定的有利时间观测,设法克服不利环境的影响,提高观测成果的质量。

任务 7 全站仪的基本功能

1. 全站仪概述

全站仪又称全站型电子速测仪,是一种可以同时进行角度测量和距离测量,由机械、光学、电子元件组合而成的测量仪器。其由电子测距仪、电子经纬仪和电子记录装置三部分组成。从结构上划分,全站仪可分为组合式全站仪和整体式全站式两种。

全站仪的电子记录装置是由存储器、微处理器、输入和输出部分组成的。在只读存储器中固化了一些常用的测量程序,如坐标测量、导线测量、放样测量、后方交会等,只要进入相应的测量程序模式,输入已知数据,便可依据程序进行测量,获取观测数据,并解算出相应的测量结果。通过输入、输出设备,可以与计算机交互通信,将测量数据直接传输给计算机,在软件的支持下,进行计算、编辑和绘图。测量作业所需要的已知数据也可以从计算机输入全站仪,可以实现整个测量作业的高度自动化。

全站仪的应用可归纳为四个方面:一是在地形测量中,可进行数字测图的野外数据采集;二是可用于施工放样测量,将设计好的管线、道路、工程建设中的建筑物、构筑物等的位置按图纸设计数据测设到地面上;三是可用全站仪进行导线测量、前方交会、后方交会等;四是通过数据输入/输出接口设备,将全站仪与计算机、绘图仪连接在一起,形成一套完整的测绘系统,从而大大提高测绘工作的质量和效率。

2. 全站仪基本设置

全站仪的种类很多,各种型号的仪器结构大致相同。仪器使用时,应进行一些必要的准备工作,即完成一些必要的设置,如仪器参数和使用单位的设置、棱镜常数改正值和气象改正值的设置、水平度盘及竖直度盘指标设置等。

单位设置界面,一般包括温度和气压单位、角度单位、距离单位四项。按仪器的相关说明进行设置即可。

模式设置主要是确定仪器在工作时的状态。在模式设置菜单界面下,主要有开机模式、精测/粗测/跟踪、平距/斜距、竖角测量、ESC 键模式及坐标检查等若干模式,其设置内容即设置方法可根据工作需要,按菜单提示予以设置并确认即可。

仪器工作参数的设置,需根据工作时的气候条件、所处的地理位置即工作时的海拔高度和工作成果要达到的精度要求,来进行相关工作参数的设置。设置时应如实对环境的温度及气压进行测量,以测得准确的设置数据。

测量时,还必须设置仪器的棱镜常数,若使用的是不同厂家生产的棱镜,要按其棱镜的参数予以相应设置,如:使用的是拓普康仪器配套的棱镜,其棱镜常数设置为 0(即在 S/A 菜单中将 PSM 值设为 0 即可);若使用南方公司生产的棱镜,其常数为 −30,则 PSM 值设为 −30 即可。

3. 全站仪基本作用模式

全站仪有三种常规测量模式,即角度测量模式、距离测量模式和坐标测量模式。另外,还具备菜单测量模式(下面均以南方全站仪和拓普康全站仪的使用为例进行介绍)。

全站仪的安置方法同光学经纬仪的安置方法基本相同。一般采用光学对中器完成对中;利用长水准管整平仪器。对于带有激光对中器的全站仪,其安置过程则更为方便。

安置好仪器后,即可按电源开关键,完成仪器的正常开机,一般而言,开机即进入到标准的测角模式,并且可以切换到其他标准测量模式或菜单模式。

1)角度测量

全站仪测量角度,一般用测回法,在方向数较多的情况下,还可使用方向观测法。依据测角原理,在测水平角时,为了提高测量精度,一般需按规范要求采用多测回进行观测,因而每一测回必须配置度盘,即仪器在盘左状态下,应进行度盘零方向的设置,在第一测回时,将零方向置零,而在其他测回,需按相应的度盘间隔来设置起始方向的度盘读数,然后对观测方向在不同的盘位状态依次予以观测,并记录相应方向读数,最终进行角度值的计算,完成水平角的观测。

对于竖直角观测,则更为方便,因为按照其测角原理,测量时不必像水平角观测那样来设置起始方向,只需在不同的盘位状态,照准观测目标,得到相应的观测数据即可。

2)距离测量

在进行距离测量及坐标测量时,仪器必须设置好相关参数,如温度大气改正、棱镜常数、距离测量模式是连续测量还是 N 次测量/单次测量,以及是精测还是粗测等,然后由测角模式切换为距离模式或是坐标模式,进行相关测量,测得合格观测值。

开机后,完成或核对仪器相关设置参数,并准备好棱镜,将其立在目标点上,然后将仪器由角度测量模式切换为距离测量模式,旋转仪器以照准观测目标(照准棱镜的照准中心),然后按照菜单提示来测取距离。

3）坐标测量

在某已知点上,欲测定某未知点的坐标,即可采用仪器的坐标测量模式来完成。一般说来,进行坐标测量,要先设置测站点坐标、测站仪器高、棱镜高及后视方位角(即后视定向方向,该方向值一般需根据站点与定向点的已知坐标通过反算得到),然后即可在坐标测量模式下通过已知站点测量出未知点的坐标。

4）施工放样测量

首先,在施工测量控制点上安置仪器,然后开机,进入标准测量模式,再按菜单键进入菜单模式,然后选择放样模式,进入施工放样菜单(在放样之前,一般可先建立控制点坐标文件,方便建立测站时进行数据调用操作)。

在放样程序界面下,按相应功能键,进入到测站点设置界面,此时首先通过调用方式找到该施工控制点对应的点号,再按功能键确认,仪器自动显示该点的坐标,并予以询问,看其坐标是否有误,若无误,按功能键进行设置;仪器又自动跳转到仪器高的设置页面,此时将量好的仪器高数据输入进去,并按确定键,完成站点设置。仪器自动跳转回放样程序界面。

测站点设置好后,按相应功能键,进入到后视方向的设置页面,同样可以通过调用方式找到该定向控制点对应的点号,再按对应功能键确认,仪器自动显示该点的坐标,并予以询问,看其坐标是否有误,若无误,按功能键进行设置,此时仪器完成后视方向方位角的计算,并要求进行定向点目标照准,所以立即旋转仪器,照准定向点,然后按功能键,完成后视方向的设置。仪器又自动跳转回放样程序主界面。

在放样程序主界面中,按对应功能键进入到放样工作界面。首先要求确定放样点号,此时同样采用调用方式,打开坐标文件,从中选择待放样点,找到后按功能键确认,仪器自动显示该点的坐标,并询问其坐标是否有误,若无误,按功能键,仪器进入镜高设置界面,按照实际的棱镜高度设置好,并按功能键,仪器即显示出测设数据(计算出的角度 HR 和距离 HD),按功能键,进行角度差的计算,并显示出目前照准方向与待测设方向之间的角差,随后操作者旋动仪器,减小角差直至为零,并用固定螺旋锁定方向,用微动螺旋精确调整使角差达到要求;方向定准后,指挥跑尺员在地面标记该方向。随后按对应功能键,进入距离放样状态,在界面中可选择坐标或是测距模式,以便通过实际测量,计算出 dHD,根据该数值即可指挥跑尺员在该方向上移动棱镜,直至 dHD 为零,最后用桩标定该待测点,得到待放样点的平面位置。

如若还需进行高度放样,参照仪器说明书继续进行。

放完一点后,务必进行检核,最终保证点位误差在施工对象的建筑限差所允许的限度内,即应满足建筑限差对放样工作的要求。

在进行放样工作之前,若没有建立坐标文件,那么在设置测站点和后视方向时,便不能采用坐标调用的方式来输入控制点坐标,而只能采用键盘输入方式来输入站点坐标(或定向点坐标)进行设置,测站点的设置方法与上述介绍的方法基本相同。

5）数据采集测量

数据采集模式是数字测图中的主要野外数据的采集手段,其测量原理是依据控制点来测取其所控制范围内的大量碎步特征点,一般按三角高程原理进行工作。因而为了野外数据采集的方便,必须事先建立控制点坐标数据文件,以便于在建立测站时调用;同时在测量时还需建立碎步点数据采集文件,以便测完后,进行文件的存储、传输、增删、编辑与管理等工作,最终利用采集的数据来完成测绘图纸的编辑工作,形成测绘产品。

数据采集的操作的基本步骤为:在控制点上安置全站仪建立测站(对中、整平),按【POWER】键开机,并进入菜单模式下,然后依次完成测站点及定向点的设置工作,便可建立数据采集文件进行碎步点的坐标采集工作,直至将本站点所控制的范围内的地物、地貌特征点全部采集完毕。最终当测区任务采集完后,即可利用仪器的通讯功能来传输数据。然后借助于测绘软件,对野外数据进行编辑,最终形成数字地图。

任务 8 GNSS 简介

1. GNSS 的定义

GNSS 是 global navigation satellite system 的缩写,一般称为"全球卫星导航系统"。它是泛指所有的卫星导航系统,包括全球的、区域的和增强的,如美国的 GPS、俄罗斯的 Glonass、欧洲的 Galileo、中国的北斗卫星导航系统,以及相关的增强系统,如美国的 WAAS(广域增强系统)、欧洲的 EGNOS(欧洲静地导航重叠系统)和日本的 MSAS(多功能运输卫星增强系统)等,还涵盖在建和以后要建设的其他卫星导航系统。国际 GNSS 系统是个多系统、多层面、多模式的复杂组合系统。

2. GNSS 定位技术的特点

相对于经典的常规测量技术来说,卫星导航定位技术主要有以下一些特点。

1)测站间无需通视

既要保持良好的通视条件,又要保障控制网的良好图形结构,这一直是经典测量技术在实践方面的问题之一。而卫星导航定位技术不需要测站之间互相通视,因而不再需要建造觇标,可以大大地节省测量的经费和时间,同时也使点位的选择更加灵活。也应指出,卫星导航定位技术虽不要求测站间通视,但必须保持测站上空的开阔,以便卫星信号不受干扰。也应有几个点具有通视方向,以便于使用经典的测量方法进一步加密控制网。

2)定位精度高

大量实验表明,目前在小于 50 km 的基线上,其相对定位精度可达 $(1\sim2)\times10^{-6}$,而在 $100\sim500$ km 的基线上可达 $10^{-6}\sim10^{-7}$。随着观测技术与数据处理方法的改善,在大于 1000 km 的距离上,相对定位精度有望达到或优于 10^{-8}。

3)观测时间短

目前,利用经典的静态定位方法,完成相对定位所需要的观测时间,根据要求的精度不同,一般为 $0.5\sim3h$。若是用快速相对定位法,其观测时间仅需要数分钟。

4)提供三维地心坐标

卫星导航定位中,可以同时获得观测站的精确平面位置和大地高。卫星导航定位技术的这一特点,不仅为研究大地水准面的形状和确定地面点的高程开辟了新途径,同时也为其在航空物探、航空摄影测量及精密导航中的应用,提供了重要的高程数据。

5) 操作简便

卫星导航定位接收设备的自动化程度极高。测量员的主要任务就是安置仪器、开关机、量取仪高、记录外业观测手簿。卫星的捕获、跟踪、信号的接收记录等均由仪器自动完成。故有"傻瓜"机之称。

6) 全天候作业

卫星导航定位测量工作,可以在任何地点、任何时间连续地进行,一般不受天气状况的影响。因此,卫星导航定位技术的发展是对经典测量技术的一次重大突破。一方面,它是经典的测量理论与方法产生了深刻的变革;另一方面,也进一步加强了测绘学科和其他学科之间的相互渗透,从而促进了测绘科学技术的现代化发展。

7) 功能多,用途广

GPS 系统不仅可以用于测量、导航,还可用于测速、测时。测速的精度可达 $0.1\ \mathrm{m/s}$,测时精度可达几十毫微秒。应用领域不断扩大。

3. 美国全球定位系统(GPS)简介

GPS 是美国国防部为其军事需要而研制的全球性的卫星导航和定位系统,迄今经历了预研、总体设计研究、系统试验和卫星研制、生产应用等几个阶段,历时 23 年,耗资 150 多亿美元。整个系统包括空间(卫星)、地面监控、用户接收设备三个部分。每颗 GPS 卫星均可连续地发送 2 个 L 频带的载波,载波上调制了多种信号,用于计算卫星位置、识别卫星和计时等目的。地面上接收机可以在任何时间、任何地点、任何气象条件下进行连续观测,以获得测站的三维地心坐标。

1) 空间部分:GPS 卫星及其星座

空间部分由 21 颗工作卫星和 3 颗在轨备用卫星组成。24 颗卫星均匀分布在 6 个轨道平面内,各轨道面之间的夹角为 $60°$,轨道平面相对于地球赤道面的倾角为 $55°$。每个轨道内有 4 颗卫星运行,距地面的平均高度为 20200 km。当地球自转 $360°$ 时,卫星绕地球运行 2 圈,每 12 h 环球运行一周。地面观测者每天提前 4 min 见到同一卫星,可见时间约 5 h。这样观测者至少可见 4 颗,最多可见 11 颗卫星。

GPS 卫星的主要功能如下:①接收和储存地面监控站发送来的信息,执行监控站的控制指令;②微处理机进行必要的数据处理工作;③通过星载原子钟提供精密的时间标准;④向用户发送导航和定位信息。

2) 地面监控部分

地面监控部分由 1 个设在美国本土的主控站、3 个分设在大西洋和印度洋及太平洋美国空军基地的注入站、5 个分设在夏威夷和主控站与注入站的监测站共同组成。

监测站在主控站的直接控制下,对 GPS 卫星进行连续跟踪观测,确定卫星运行瞬时距离、监测卫星的工作状态,并将计算得的站星距离、卫星状态数据、导航所需数据、气象数据传送到主控站。主控站根据收集到的数据计算各个卫星的轨道参数、卫星的状态参数、时钟改正、大气传播改正等,并将这些数据按一定格式编制成电文,传输给注入站。注入站的主要作用是将主控站传输给卫星的资料以既定的方式注入到卫星存储器中,供卫星向用户发送。

3）用户接收设备部分

用户接收设备部分按其功能可分为硬件和软件两部分。硬件部分主要包括 GPS 接收机及其天线、微处理器和电源等,软件部分则是支持接收机硬件实现其功能、完成导航定位的重要条件。接收设备的主要功能就是接收、跟踪、变换和测量 GPS 信号,获取必要的信息和需要的观测量,经过数据处理完成导航和定位的任务。

4. 俄罗斯的全球导航卫星系统（GLONASS）

GLONASS 的起步晚于 GPS 9 年。从前苏联 1982 年 10 月 12 日发射第一颗 GLONASS 卫星开始,到 1996 年,13 年时间内历经周折,虽然遭遇了苏联的解体,由俄罗斯接替部署,但始终没有终止和中断 GLONASS 卫星的发射。在 1995 年完成了 24 颗工作卫星加 1 颗备用卫星的布局。经过数据加载、调整和检验,于 1996 年 1 月 18 日,整个系统正常运行。由于某种原因,该系统目前只有 4~6 颗健康卫星,而且接收设备价格较贵,影响了其作用的发挥。GLONASS 系统在系统构成与工作原理上与 GPS 类似,也是由空间卫星、地面监控和用户接收设备三大部分组成。

5. 欧盟的伽利略全球导航定位系统（GNSS）

从 1994 年开始,欧盟进行了对伽利略 GNSS 系统的方案论证。2000 年在世界无线电大会上获得了建立 GNSS 系统的 L 频段的频率资源。2002 年 3 月,欧盟 15 国交通部长一致同意伽利略 GNSS 系统的建设。

伽利略 GNSS 系统由 30 颗卫星（27 颗工作,3 颗备用）组成。均匀分布在 3 个中高度圆轨道面上,轨道高度 23616km,倾角 56 度,星座对地面覆盖良好。在欧洲建立两个控制中心。第一颗试验卫星已于 2005 年 12 月 28 日成功发射,第二颗试验卫星于 2007 年年初发射。

伽利略 GNSS 系统的设计思想是:与 GPS/GLONSS 不同,完全从民用出发,建立一个最高精度（1 m）的全开放型的新一代 GNSS 系统;与 GPS/GLONSS 有机的兼容,增强系统使用的安全性和完善性;建设资金（36 亿欧元）由欧洲各国政府和私营企业共同投资。中国政府已决定投入 2 亿欧元,全面参与伽利略 GNSS 系统的建设计划,拥有伽利略系统 20% 的产权和 100% 的使用权。但由于某种原因,伽利略系统的建设进展缓慢。

6. 中国的北斗卫星导航定位系统

我国最初的计划是建成一个拥有完全自主知识产权的双星导航定位系统,其定位的基本原理为空间球面交会测量原理。到 2006 年年底我国已决定把双星导航定位系统逐步扩展为全球卫星导航定位系统。

正在建设的北斗卫星导航系统空间部分将由 5 颗静止轨道卫星和 30 颗非静止轨道卫星组成,提供两种服务方式,即开放服务和授权服务。开放服务是在服务区免费提供定位、测速和授时服务,定位精度为 10 m,授时精度为 50 ns,测速精度为 0.2 m/s。授权服务是向授权用户提供更安全的定位、测速、授时和通信服务信息。北斗卫星导航系统与 GPS 和 GLONASS 系统最大的不同,在于它不仅能使用户知道自己的所在位置,还可以告诉别人自己的位置在什么地方,特别适用于需要导航与移动数据通信场所,如交通运输、调度指挥、搜索营救、地理信息实时查询等。

7. GPS 测量的技术设计

在进行 GPS 外业之前,必须做好测区踏勘、资料收集、器材筹备、观测计划拟定、GPS 接收机检校和设计书的编写等工作。

1)踏勘测区

接受下达任务或签订 GPS 测量合同(前)后,就可依据施工设计图踏勘、调查测区。主要调查下列情况,为编写技术设计、施工设计、成本预算提供依据。

(1)交通情况:公路、铁路、乡村道路的分布以及可通行情况。

(2)水系分布:江河、湖泊、池塘、水渠的分布,桥梁、码头以及水路交通情况。

(3)植被情况:森林、草原、农作物的分布及面积。

(4)现有控制点:三角点、水准点、GPS 点、多普勒点、导线点的等级、坐标、高程系统,点位数量及分布,点位标志的保存现状。

(5)居民点的分布情况:测区内城镇、村庄的分布,食宿及供电情况。

(6)当地的风俗民情:民族的分布、习俗及地方语言,习惯及社会治安情况。

2)收集资料

踏勘测区的同时,应收集以下一些资料。

(1)各类图件:1∶10000～1∶100000 万比例尺地形图,大地水准面起伏图,交通图。

(2)各类控制点成果:三角点、水准点、GPS 点、多普勒点、导线点以及各点的坐标系统、技术总结等有关资料。

(3)测区有关的地质、气象、交通、通信等方面的资料。

(4)城市及乡村的行政区划表。

3)设备、器材筹备及人员组织

包括以下内容:接收机、计算机及配套设备(电池、充电器等);机动设备(汽车、油料等)及通讯设备(手机、对讲机等);施工器材及耗材;组建队伍,拟定参加人员及岗位;进行详细的投资预算。

4)拟定外业观测计划

外业观测计划的拟定,对于顺利完成外业数据采集任务,保证测量精度,提高工作效率都是极为重要的。

(1)拟定计划的依据。拟定计划的依据包括以下几个方面:GPS 网规模的大小;点位精度及密度要求;GPS 卫星星座分布的几何图形强度;接收机的类型与数量;测区交通、通讯及后勤保障等。

(2)观测计划的主要内容。计划内容包括以下几个方面:编制 GPS 卫星的可见预报图;选择卫星分布的几何图形强度,PDOP 值不应大于 6;选择最佳观测时段;观测分区的设计与划分;编排作业调度表,仪器、时段、测站较多时,以外业观测通知单进行调度。

(3)拟定地面网的联测方案。GPS 网与地面网的联测,可根据地形和地面控制点的分布情况而定。一般 GPS 网中至少应观测三个以上已知的地面控制点(高程点一般应为水准高程)作为约束点。

5）技术设计书编写

资料收集齐全后，编写技术设计书主要包括以下内容。

（1）任务来源及工作量。包括 GPS 项目的来源、下达任务的项目、用途及意义；GPS 测量（包括新定点、约束点、水准点、检查点）点数；GPS 点的精度指标及高程系统。

（2）测区概况。测区隶属的行政管辖；测区范围的地理坐标、控制面积；测区的交通状况和人文地理；测区的地形极气候状况；测区控制点的分布及对控制点的分析、利用和评价。

（3）布网方案。GPS 网点的图形及连接方式；GPS 网结构特征的测算；点位图的绘制。

（4）选点与埋标。GPS 网点位的基本要求；点位标志的选用及埋设方法；点位的编号等问题。

（5）观测。对观测工作的基本要求；观测计划的制订；对数据采集提出应注意的问题。

（6）数据处理。数据处理的基本方法及使用的软件，起算点坐标的确定方法；闭合差检验及点位精度的评定指标。

（7）完成任务的措施。要求措施具体，方法可靠，能在实际工作中贯彻执行。

8．GPS 控制测量外业实施

1）选点与埋标

由于 GPS 测量观测站之间不一定要求相互通视，而且网形结构比较灵活，所以选点工作比常规控制的选点要简便。但点位的选择对保证观测的顺利进行和测量结果的可靠性具有重要意义。选点工作应遵循下列一些原则。

（1）严格执行技术设计书中对选点以及图形结构的要求和规定，在实地按要求选点。

（2）点位应选在易于安置接收仪器、视野开阔的较高点上；地面基础稳定易于点的保存。

（3）点位目标要显著，其视场周围 15° 以上不应有障碍物，以减小对卫星信号的影响。

（4）点位应远离（不小于 200 m）大功率无线电发射台；远离（50 m 以上）高压输电线和微波信号传输通道。以免电磁场对信号的干扰。

（5）点位周围不应有大面积水域，不应有强烈干扰信号接收的物体，以减弱多路径效应的影响。

（6）点位应选在交通方便，有利于其他观测手段扩展与联测的地方。

（7）当利用旧点时，应对其稳定性、完好性以及觇标是否安全、可用进行检查，符合要求方可利用。

（8）当所选点位需要进行水准联测时，选点人员应实地踏勘水准路线，提出有关建议。

GPS 点一般应埋设具有中心标志的标石，以精确标志点位。点的标石和标志必须稳定、坚固以便长期保存和利用。在基岩露头地区，也可直接在基岩上嵌入金属标志。

点名一般取村名、山名、地名、单位名，应向当地政府部门或群众调查后确定。利用原有旧点时，点名不宜更改。点号的编排（码）应适应计算机计算。

每个点位标石埋设结束后，应按规定填写"点之记"并提交以下资料：①点之记；②GPS 网的选点网图；③土地占用批文与测量标志委托保管书；④选点与埋石工作技术总结。

2）外业观测

各级 GPS 测量其技术指标应符合表 3-4 中的相关规定。

表 3-4　各级 GPS 测量基本技术要求

项　目 ＼ 级别			AA	A	B	C	D	E
卫星截止高度角/°			10	10	15	15	15	15
同时观测有效卫星数			≥4	≥4	≥4	≥4	≥4	≥4
有效观测卫星总数			≥20	≥20	≥9	≥6	≥4	≥4
观测时段数			≥10	≥6	≥4	≥2	≥1.6	≥1.6
时段长度 /min	静　态		≥720	≥540	≥240	≥60	≥45	≥40
	快速静态	双频＋P(Y)码	—	—	—	≥10	≥5	≥2
		双频全波	—	—	—	≥15	≥10	≥10
		单频或双频半波	—	—	—	≥30	≥20	≥15
采样间隔 /s	静　态		30	30	30	10～30	10～30	10～30
	快速静态		—	—	—	5～15	5～15	5～15
时段中任一卫星有效观测时间/min	静　态		≥15	≥15	≥15	≥15	≥15	≥15
	快速静态	双频＋P(Y)码	—	—	—	≥1	≥1	≥1
		双频全波	—	—	—	≥3	≥3	≥3
		单频或双频半波	—	—	—	≥5	≥5	≥5

注:1. 在时段中观测时间符合表 3-4 中第 7 项规定的卫星,为有效卫星。

　　2. 计算有效卫星总数时,应将各时段的有效观测卫星数扣除期间的重复卫星数。

　　3. 观测时段长度,应为开始记录数据到结束纪录的时间段。

　　4. 观测时段数≥1.6,指每站观测一时段,至少有 60％的测站再观测一个时段。

(1) 天线安置。在正常点位上,天线应架设在三脚架上,并应严格对中整平;在特殊点位,当天线需安在三角点觇标的观测台或回光台上时,可将标石中心反投影到观测或回光台上,作为天线安置依据。观测前还应先将觇标顶部拆除,以防信号被遮挡。若觇标无法拆除时,可进行偏心观测,偏心点选在离三角点 100 m 以内的地方,以解析法精密测定归心元素。

天线的定向标志应指向正北,兼顾当地磁偏角,以减弱天线相位中心偏差的影响。天线定向误差依精度不同而异,一般不应超过 3～5°。

天线架设不宜过低,应距地面 1 m 以上。正确量取天线高,成 120°量三次取平均值,记录至毫米。

在高精度 GPS 测量中,要求测定气象参数,始、中、末各测一次,气压读至 0.1 mbar,气温读至 0.1 ℃。一般城市及工程测量只记录天气状况。

风天注意天线的稳定,雨天防止雷击。

(2) 开机观测。目前的 GPS 接收机和天线多为一体化设计,而且也无输入键盘和显示屏,只有极少的几个操作键,故有“傻瓜机”之称。测站观测员应注意以下事项。

① 首先确认天线安置正确,分体机电缆连接无误后,方可通电开机;按照说明书正确输入测

站信息；注意查看接收机的观测状态；不得远离接收机；一个观测时段中，不得关机或重新启动，不得改变卫星高度角、采样间隔及删除文件。

② 不要靠近接收机使用对讲机；雨天防雷击；严格按照统一指令，通视开、关机，确保观测同步。

（3）观测记录。外业观测中，所有信息都要妥善记录。其形式有以下两种。

① 观测量记录。

观测量的记录由接收机自动进行，包括载波相位观测值、伪距观测值及其观测历元；星历及钟差参数；实时绝对定位结果和测站的信息及接收机工作状态。

② 观测手簿。

由观测者在观测开始或过程中，实时填写。应认真、及时、准确记录，不得事后补记或追记。对接收机的存储介质（卡），应及时填写粘贴标签，并防水、防静电妥善保管。

对野外观测资料首先要进行复查，内容有：是否符合调度命令和规范要求，进行的观测数据质量分析是否符合实际。然后进行每一个时段同步观测数据的检核、重复观测边检核、同步环闭合差检核、异步观测环检核等项目检核。经检核超限的基线，在进行充分分析的基础上，应按照规定进行野外返工观测。

9. GPS 控制测量数据处理

GPS 测量数据处理要从原始的观测值出发，到获得最终的测量定位成果，其数据处理过程大致分为：数据传输、数据预处理、基线向量解算、基线向量解算结果分析、无约束平差、约束平差、联合平差等几个阶段。这些处理工作均可由后处理软件自动完成，我们只需启动程序后，选择相应的菜单命令。

10. GPS 实时动态定位——RTK 技术简介

RTK（Real Time Kinematic）技术是 GPS 实时载波相位差分技术的简称。这是一种将 GPS 与数据传输技术相结合，实时处理两个测站载波相位观测量的差分方法，经实时解算进行数据处理，在 1～2 s 的时间内得到高精度的位置信息的技术。载波相位差分分为两类，一类是修正法：即将基准站的载波相位修正值发送给用户，改正用户的载波相位观测值，再求坐标。另一类是差分法：即是将基准站的载波相位观测值，发送给用户，与用户的载波相位观测值进行求差，而后解算坐标。可见，修正法属于准 RTK，差分法才是真正的 RTK。20 世纪 90 年代初这项技术的一经问世，就极大地拓展了 GPS 的使用空间，使 GPS 从只能做控制测量的局面中解脱出来，开始广泛应用于较低精度的工程测量（如图根控制、地形测量、地籍测量、纵横断面测量、工程放线测量等）之中。

RTK 系统通常由基准站和流动站两部分构成。基准站通常包括：基准站 GPS 接收机及接收天线、无线电数据链电台和发射天线、直流电源。流动站包括：流动站 GPS 接收机及接收天线、无线电数据链接收机及天线、手持控制器及其软件。

11. CORS 技术简介

当前，利用多基站网络 RTK 技术建立的连续运行卫星定位服务综合系统（continuous operational reference system，缩写为 CORS）已成为城市 GPS 应用的发展热点之一。CORS 系统是卫星定位技术、计算机网络技术、数字通讯技术等高新科技多方位、深度结晶的产物。CORS 系统由基准站网、数据处理中心、数据传输系统、定位导航数据播发系统、用户应用系统五个部分组成,各基准站与监控分析中心间通过数据传输系统连接成一体,形成专用网络。

CORS 系统可以定义为一个或若干个固定的、连续运行的 GPS 参考站,利用现代计算机、数据通信和互联网(LAN/WAN)技术组成的网络,实时 地向不同类型、不同需求、不同层次的用户自动地提供经过检验的不同类型的 GPS 观测值(载波相位,伪距),各种改正数、状态信息,以及其他有关 GPS 服务 项目的系统。与传统的 GPS 作业相比连续运行参考站具有作用范围广、精度高、野外单机作业等众多优点。

距 离 测 量

任务 **1** 钢尺量距与光电测距

一、钢尺量距

距离测量是基本测量工作之一,采用钢尺量距其方便、直接且使用的工具成本较低。根据量距的精度可分为普通钢尺量距和精密钢尺量距。

1. 普通钢尺量距

采用钢尺配合测钎、花杆、垂球等进行量距。

钢尺一般是由合金钢制成,尺宽在 1～1.5 cm 之间,厚约 0.4 mm,长度有 20 m、30 m、50 m 等规格。钢尺的基本分划为毫米,在整厘米处标记数字。根据钢尺零点的位置可分为端点尺和刻线尺。端点尺的零点位于钢尺的最外端;刻线尺的零点位于钢尺起始刻划线处,如图 4-1 所示。

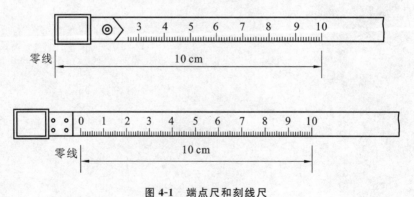

图 4-1 端点尺和刻线尺

测距步骤如下。

1)在平坦地面上丈量水平距离

(1)钢尺测量 A、B 两点水平距离前清除待测直线上的障碍物,并进行直线定线。普通钢尺量距可采用目估定线法。

如图 4-2 所示,在 A、B 处竖立花杆,测量员甲立于 A 点后 1～2 m 处,瞄准 AB 连线所在的

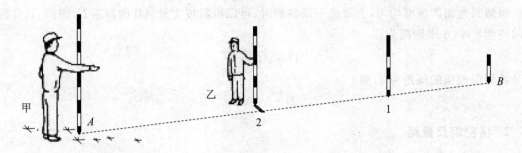

图 4-2　直线定线

直线,指挥测量员乙手持花杆左右移动,直至花杆位于 AB 方向线上,即完成一测段定线。用同样方法可以标定出其他各中间点的位置。如果在一条直线上同时定出几个中间点的位置,则应由远及近定出各点。通常,点与点之间的距离宜稍短于一整尺子长,地面起伏较大时点与点之间的距离则宜更短。在平坦地区,这项工作常与丈量同时进行,即边丈量边定线。

(2) 定线后即可进行钢尺量距,此工作一般由三位测量员完成。后尺手持钢尺零点端,前尺手持钢尺末端,将钢尺拉直并位于 AB 方向线上后,在地面上用测钎标示尺端端点位置,如图 4-3 所示。整尺段数用 n 表示,整尺段长用 l 表示,余长用 q 表示,则地面两点间的水平距离为:

$$D = nl + q \tag{4-1}$$

为了防止测距错误和提高测距精度,需进行往返测量。一般用相对误差来表示精度水平。相对误差计算方法为:

$$K = \frac{|D_{往} - D_{返}|}{D} \tag{4-2}$$

计算相对误差时,分子取往返测量之差的绝对值,分母取往返测量的平均值,并化为分子为 1 的分数形式。

例 4-1　AB 往测长为 500.08 m,返测长为 499.98 m,则相对误差为:

$$K = \frac{|D_{往} - D_{返}|}{D} = \frac{0.10}{500.03} = \frac{1}{5000.3}$$

普通钢尺量距要求 K 在 1/3000~1/1000 之间,当量距相对误差没有超过规定要求时,取往返测量结果的平均值作为两点间的水平距离。

2) 倾斜地面量距

如果丈量是在倾斜不大的地面量距,一般采取抬高尺子一端或两端,使尺子呈水平以量得直线的水平距离,如图 4-3 所示。

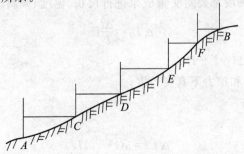

图 4-3　倾斜地面量距

当倾斜地面的坡度均匀,大致成一倾斜面时,可以沿斜坡丈量 AB 的斜距 L,测得 A、B 两点间的高差 h,则水平距离为:

$$D=\sqrt{L^2-h^2} \tag{4-3}$$

若测得地面的倾角为 α,则

$$D=L \cdot \cos\alpha \tag{4-4}$$

2. 精密钢尺量距

普通钢尺量距的精度一般可达 1/3000～1/10000,而精密钢尺量距其相对误差可达 1/10000～1/40000。采用钢尺配合测钎、花杆、垂球、弹簧秤、温度计等进行量距。

测距步骤如下。

1）首先采用经纬仪定线法进行直线定向

如图 4-4 所示,在直线 A 端架立设置经纬仪,照准 B 点标杆底部或标志中心,固定照准部,松开望远镜制动螺旋,俯仰望远镜,在 AB 方向的照准面内按略小于尺段长的各节点打下木桩,并按经纬仪十字丝中心指挥另一人在木桩顶面划十字,标定中心点位置。

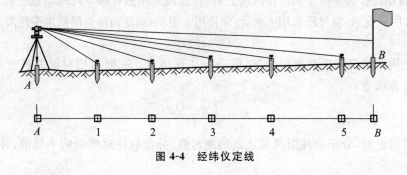

图 4-4　经纬仪定线

2）钢尺精密丈量

从直线段 A 点开始,将钢尺一端连接在弹簧秤上,钢尺零端在前、末端在后。然后将钢尺两端置于木桩上,测量员用弹簧秤将钢尺拉至标准拉力后,由前、后读尺员分别读取前、后目标在钢尺上的读数(先读后端、再读前端,读到毫米位)。记簿员随即将读数计入手簿。这种丈量方法要求每尺段应进行 3 次读数,以减小误差。依次逐段丈量直至 B 点,即完成往测,采用同样的方法进行返测丈量。在丈量时应记录当时的温度,温度估读至 0.5 ℃。

3）尺段长度计算

精密钢尺量距每一个测段都要对丈量成果进行尺长、温度、倾斜改正。

尺长改正:
$$\Delta L_l=\frac{\Delta l}{l}L \tag{4-5}$$

式中:Δl 为整尺长改正数($\Delta l=l'-l$);

　　　l' 为钢尺在标准温度和拉力下真实长度;

　　　l 为钢尺的名义长度;

　　　L 为该尺段倾斜长度。

温度改正:
$$\Delta L_t=\alpha(t-t_0)L \tag{4-6}$$

式中:α 为钢尺的膨胀系数,其值为 $(11.6\times10^{-6}～12.5\times10^{-6})/℃$;

t 为实测温度;

t_0 为钢尺标准温度;

L 为该尺段倾斜长度。

倾斜改正:
$$\Delta L_h \approx -\frac{h^2}{2L} \tag{4-7}$$

式中:h 为该尺段高差;

L 为该尺段倾斜长度。

经以上三项改正后就可求得水平距离:
$$D = L + \Delta L_l + \Delta L_t + \Delta L_h \tag{4-8}$$

例 4-2 某测量员使用一钢尺丈量了 A、B 两点间的直线距离,丈量出 A、B 之间距离为 48.868 m。已知该钢尺的名义长度为 50.000 m,钢尺标准温度为 20 ℃,整尺长的改正数为 0.002 m,丈量时温度为 30 ℃,钢尺膨胀系数为 $\alpha = 0.000011$,AB 高差为 0.001 m,求 A、B 两点间的实际距离。

解

$$\Delta L_l = \frac{0.002}{50.000} \times 48.868 \text{ m} = 0.0020 \text{ m}$$

$$\Delta L_t = 0.000011 \times (30-20) \times 48.868 \text{ m} = 0.0054 \text{ m}$$

$$\Delta L_h \approx -\frac{0.001^2}{2 \times 48.868 \text{ m}} \approx 0.0000 \text{ m}$$

$$D = (48.868 + 0.0020 + 0.0054 + 0) \text{m} = 48.875 \text{ m}$$

二、光电测距

1. 光电测距原理

光电测距的基本原理是通过测定电磁波在待测距离两端点间往返一次的传播时间 t,利用电磁波在大气中的传播速度 c,来计算两点间的距离。

若测定 A、B 两点间的距离 D,如图 4-5 所示。把测距仪安置在 A 点,反射棱镜安置在 B 点,则其距离 D 可按下式计算:

$$D = \frac{1}{2}ct \tag{4-9}$$

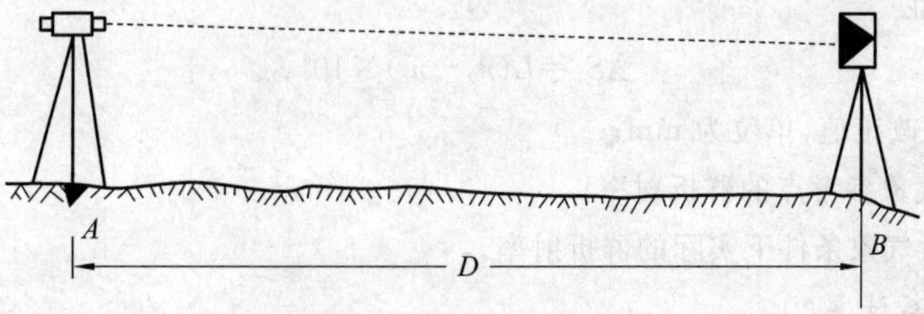

图 4-5 光电测距原理

2. 光电测距操作

如图 4-5 所示,在待测边一端整置测距仪(对中、整平),另一端设置棱镜(对中、整平),可测得单测斜距,为提高测距精度,一般进行多测回观测。

在测距作业过程中应注意以下事项。

(1)测距前应先检查电池电压是否符合要求。在气温较低的条件下作业时,应有一定的预热时间。

(2)测距时应使用相配套的反射棱镜。未经检验,不得与其他型号的设备互换棱镜。

(3)反射棱镜背面应避免有散射光的干扰,镜面要保持清洁。

(4)测距仪应防止强太阳光直射和雨淋。

(5)当观测数据出现错误时,应分析原因,待仪器或环境稳定后重新进行观测。

(6)人工记录时,每测回开始要读、记完整的数字,厘米位以下数字不得更改。米和分米位部分的读记错误,在同一距离的往返测量中,不得多次更改。

3. 光电测距结果改正

光电测距结果一般要进行多项参数改正,如加、乘常数改正;气象改正;水平距离计算等。

1)加常数改正

加常数包括仪器加常数和棱镜加常数,其产生原因都是由于设备中心与目标中心位置不一致。加常数改正与所测距离大小无关。

$$\Delta L_c = C_1 + C_2 \tag{4-10}$$

式中:C_1 为仪器加常数;

C_2 为棱镜加常数。

2)乘常数改正

乘常数就是实际的调制光频率与设计的标准频率之间有偏差时,将会影响测距成果的精度,其影响与距离的长度成正比,故乘常数也称为比例因子。

$$\Delta L_R = -bL \tag{4-11}$$

式中:b 为比例因子;

L 为实测距离。

3)气象改正

$$\Delta S_1 = L(n_0 - n_i) \times 10^6 \tag{4-12}$$

式中:ΔS_1 为气象改正值,单位为 mm;

n_0 为仪器气象参考点的群折射率;

n_i 为测量时气象条件下实际的群折射率。

4)水平距离计算

$$D = L' \cos\alpha \tag{4-13}$$

式中:L' 为改正后斜距;

α 为竖直角。

任务 2　水平距离测设

已知水平距离的测设,是从地面上一个已知点出发,沿给定的方向,量出已知(设计)的水平距离,在地面上定出这段距离另一个端点的位置。

1. 钢尺测设

1) 一般方法

当测设精度要求不高时,从已知点出发,沿给定的方向,用钢尺直接丈量出已知水平距离,定出这段距离另一个端点的位置。若两次丈量的相对误差在 1/5000~1/3000 以内,取平均位置作为该端点的位置。

2) 精密方法

当测设精度要求在 1/10000 以上时,则应采用精密钢尺测设的方法。使用检定过的钢尺,采用经纬仪定线,水准仪测定高差,温度计读取气温,计算尺长改正数、温度改正数、倾斜改正数,反算实地测设长度 L:

$$L = D - (\Delta L_l + \Delta L_t + \Delta L_h) \tag{4-14}$$

根据计算结果,采用钢尺进行测设。同样需要进行两次测量取平均位置定出测设的端点。

2. 光电测距仪测设

安置光电测距仪于起始端点,瞄准已知方向,沿此方向移动棱镜位置,使仪器测量显示值略大于测设距离 D,定出此点并在此安置棱镜,使用光电测距仪测量此段水平距离 D'。计算求解修正值 ΔD:

$$\Delta D = D - D' \tag{4-15}$$

根据 ΔD 对端点进行修正并标定点位。再次将反射棱镜安置于修正点位上测定出此段水平距离,若偏差满足测设精度要求即可确定该测设端点。若不满足精度要求则重复上述操作步骤,直至偏差在允许范围内。

测量误差规律及数据精度指标

任务 1 测量误差基本知识

1. 观测误差产生的原因

观测值中存在观测误差有下列三方面的原因。

1）观测者

由于观测者的感觉器官的鉴别能力的局限性，在仪器安置、照准、读数等工作中都会产生误差。同时，观测者的技术水平及工作态度也会对观测结果产生影响。

2）测量仪器

测量工作所使用的测量仪器都具有一定的精密度，从而使观测结果的精度受到限制。另外，仪器本身构造上的缺陷，也会使观测结果产生误差。

3）外界观测条件

外界观测条件是指野外观测过程中，外界条件的因素，如天气的变化、植被的不同、地面土质松紧的差异、地形的起伏、周围建筑物的状况，以及太阳光线的强弱、照射的角度大小等。外界观测条件是保证野外测量质量的一个重要因素。

观测者、测量仪器和观测时的外界条件是引起观测误差的主要因素，通常称为观测条件。观测条件相同的各次观测，称为等精度观测。观测条件不同的各次观测，称为非等精度观测。

2. 观测误差的分类

观测误差按其性质，可分为系统误差、偶然误差和粗差。

1）系统误差

由仪器制造或校正不完善、观测员生理习性、测量时外界条件、仪器检定时不一致等原因引起。在同一条件下获得的观测列中，其数据、符号或保持不变，或按一定的规律变化。在观测成果中具有累计性，对成果质量影响显著，应在观测中采取相应措施予以消除。

2）偶然误差

它的产生取决于观测进行中的一系列不可能严格控制的因素（如湿度、温度、空气振动等）的随机扰动。在同一条件下获得的观测列中，其数值、符号不定，表面看没有规律性，实际上是服从一定的统计规律的。随机误差又可分两种：一种是误差的数学期望不为零称为"随机性系统误差";另一种是误差的数学期望为零称为偶然误差。这两种随机误差经常同时发生,须根据最小二乘法原理加以处理。

3) 粗差

粗差是一些不确定因素引起的误差,国内外学者在粗差的认识上还未有统一的看法,目前的观点主要有几类:一类是将粗差看作与偶然误差具有相同的方差,但期望值不同;另一类是将粗差看作与偶然误差具有相同的期望值,但其方差十分巨大;还有一类是认为偶然误差与粗差具有相同的统计性质,但有正态与非正态的不同。以上的理论均是建立在把偶然误差和粗差均认为属于连续型随机变量的范畴。还有一些学者认为粗差属于离散型随机变量。

3. 偶然误差的特性

当观测值中剔除了粗差,排除了系统误差的影响,或者与偶然误差相比系统误差处于次要地位后,占主导地位的偶然误差就成了我们研究的主要对象。从单个偶然误差来看,其出现的符号和大小没有一定的规律性,但对大量的偶然误差进行统计分析,就能发现其规律性,误差个数越多,规律性越明显。

在相同的观测条件下,对 358 个三角形的内角进行了观测。由于观测值含有偶然误差,致使每个三角形的内角和不等于 180°。设三角形内角和的真值为 X,观测值为 L,其观测值与真值之差为真误差 Δ。用下式表示为:

$$\Delta = L_i - X \quad (i = 1, 2, \cdots, 358) \tag{5-1}$$

由式(5-1)计算出 358 个三角形内角和的真误差,并取误差区间为 $0.2''$,以误差的大小和正负号,分别统计出它们在各误差区间内的个数 V 和频率 V/n,结果列于表 5-1 中。

表 5-1 偶然误差的区间分布

误差区间 $d\Delta''$	正误差		负误差		合计	
	个数 V	频率 V/n	个数 V	频率 V/n	个数 V	频率 V/n
0.0~0.2	45	0.126	46	0.128	91	0.254
0.2~0.4	40	0.112	41	0.115	81	0.227
0.4~0.6	33	0.092	33	0.092	66	0.184
0.6~0.8	23	0.064	21	0.059	44	0.123
0.8~1.0	17	0.047	16	0.045	33	0.092
1.0~1.2	13	0.036	13	0.036	26	0.072
1.2~1.4	6	0.017	5	0.014	11	0.031
1.4~1.6	4	0.011	2	0.006	6	0.017
1.6 以上	0	0	0	0	0	0
	181	0.505	177	0.495	358	1.000

从表 5-1 中可以看出,最大误差不超过 $1.6''$,小误差比大误差出现的频率高,绝对值相等的正、负误差出现的个数近于相等。通过大量实验统计结果证明了偶然误差具有如下一些特性。

(1) 在一定的观测条件下,偶然误差的绝对值不会超过一定的限度。

（2）绝对值小的误差比绝对值大的误差出现的可能性大。

（3）绝对值相等的正误差与负误差出现的机会相等。

（4）当观测次数无限增多时，偶然误差的算术平均值趋近于零，即

$$\lim_{n \to \infty} \frac{[\Delta]}{n} = 0 \tag{5-2}$$

任务 2 观测数据精度指标

1. 中误差

在等精度观测列中，各真误差平方的平均数的平方根，称为中误差，也称均方误差，即

$$m = \pm \sqrt{\frac{[\Delta\Delta]}{n}} \tag{5-3}$$

例 5-1 设有两组等精度观测列，其真误差分别如下。

第一组： $-3''$、$+3''$、$-1''$、$-3''$、$+4''$、$+2''$、$-1''$、$-4''$

第二组： $+1''$、$-5''$、$-1''$、$+6''$、$-4''$、$0''$、$+3''$、$-1''$

试求这两组观测值的中误差。

解 $$m_1 = \pm \frac{\sqrt{9+9+1+9+16+4+1+16}}{8} = 2.9''$$

$$m_2 = \pm \sqrt{\frac{1+25+1+36+16+0+9+1}{8}} = 3.3''$$

比较 m_1 和 m_2 可知，第一组观测值的精度要比第二组高。

必须指出，在相同的观测条件下所进行的一组观测，由于它们对应着同一种误差分布，因此，对于这一组中的每一个观测值，虽然各真误差彼此并不相等，有的甚至相差很大，但它们的精度均相同，即都为同精度观测值。

2. 容许误差

由偶然误差的第一特性可知，在一定的观测条件下，偶然误差的绝对值不会超过一定的限值。这个限值就是容许误差或称为极限误差。此限值有多大呢？根据误差理论和大量的实践证明，在一系列的同精度观测误差中，真误差绝对值大于中误差的概率约为 32%；大于 2 倍中误差的概率约为 5%；大于 3 倍中误差的概率约为 0.3%。也就是说，大于 3 倍中误差的真误差实际上是不可能出现的。因此，通常以 3 倍中误差作为偶然误差的极限值。在测量工作中一般取 2 倍中误差作为观测值的容许误差，即

$$\Delta_{容} = 2m \tag{5-4}$$

当某观测值的误差超过了容许的 2 倍中误差时，将认为该观测值含有粗差，应舍去不用或重测。

3. 相对误差

对于某些观测结果,有时单靠中误差还不能完全反映观测精度的高低。例如,分别丈量了100 m和200 m两段距离,中误差均为±0.02 m。虽然两者的中误差相同,但就单位长度而言,两者精度并不相同,后者显然优于前者。为了客观反映实际精度,常采用相对误差。

观测值中误差 m 的绝对值与相应观测值 S 的比值称为相对中误差。它是一个无量纲数,常用分子为1的分数表示,即

$$K = \frac{|m|}{S} = \frac{1}{S/|m|} \tag{5-5}$$

上例中前者的相对中误差为 1/5000,后者为 1/10000,表明后者精度高于前者。

对于真误差或容许误差,有时也用相对误差来表示。例如,距离测量中的往返测较差与距离值之比就是所谓的相对真误差,即

$$\frac{|D_往 - D_返|}{D_{平均}} = \frac{1}{D_{平均}/\Delta D} \tag{5-6}$$

与相对误差对应,真误差、中误差、容许误差都是绝对误差。

任务 3 误差传播定律

1. 误差传播定律

在实际工作中,往往会遇到某些量的大小并不是直接测定的,而是由观测值通过一定的函数关系间接计算出来的。阐述观测值中误差与观测值函数中误差之间关系的定律称为误差传播定律。

1）倍数函数

设有函数

$$Z = kx \tag{5-7}$$

式中：k 为常数；

x 为直接观测值。

其中误差为 m_x,现在求观测值函数 Z 的中误差 m_z。

设 x 和 Z 的真误差分别为 Δ_x 和 Δ_z,由式(5-7)可知它们之间的关系为

$$\Delta_Z = k\Delta_x$$

若对 x 共观测了 n 次,则

$$\Delta_{Z_i} = k\Delta_{x_i} \quad (i=1, 2, \cdots, n)$$

将上式两端平方后相加,并除以 n,得

$$\frac{[\Delta_Z^2]}{n} = k^2 \frac{[\Delta_x^2]}{n} \tag{5-8}$$

按中误差定义可知

$$m_Z^2 = \frac{[\Delta_Z^2]}{n}$$

$$m_x^2 = \frac{[\Delta_x^2]}{n}$$

所以式(5-8)可写成

$$m_Z^2 = k^2 m_x^2$$

或

$$m_Z = k m_x \tag{5-9}$$

即观测值倍数函数的中误差,等于观测值中误差乘以倍数(常数)。

例 5-2 用水平视距公式 $D = kl$ 求平面距离。已知观测视距间隔的中误差 $m_l = \pm 1$ cm,$k = 100$,则平面距离的中误差 $m_D = 100 \cdot m_l = \pm 1$ m。

2)和差函数

设有函数

$$z = x \pm y \tag{5-10}$$

式中:x、y 为独立观测值,它们的中误差分别为 m_x 和 m_y。设真误差分别为 Δ_x 和 Δ_y,由式(5-10)可得

$$\Delta_z = \Delta_x \pm \Delta_y$$

若对 x、y 均观测了 n 次,则

$$\Delta_{z_i} = \Delta_{x_i} \pm \Delta_{y_i} \quad (i = 1, 2, \cdots, n)$$

将上式两端平方后相加,并除以 n 得

$$\frac{[\Delta_z^2]}{n} = \frac{[\Delta_x^2]}{n} + \frac{[\Delta_y^2]}{n} \pm 2\frac{[\Delta_x \Delta_y]}{n}$$

上式 $[\Delta_x \Delta_y]$ 中各项均为偶然误差。根据偶然误差的特性,当 n 越大时,式中最后一项将趋近于零,于是上式可写成

$$\frac{[\Delta_z^2]}{n} = \frac{[\Delta_x^2]}{n} + \frac{[\Delta_y^2]}{n} \tag{5-11}$$

根据中误差定义,可得

$$m_z^2 = m_x^2 + m_y^2 \tag{5-12}$$

即观测值和差函数的中误差平方,等于两观测值中误差的平方之和。

例 5-3 在 $\triangle ABC$ 中,$\angle C = 180° - \angle A - \angle B$,$\angle A$ 和 $\angle B$ 的观测中误差分别为 $3''$ 和 $4''$,则 $\angle C$ 的中误差 $m_c = \pm \sqrt{m_A^2 + m_B^2} = \pm 5''$。

(3)线性函数

设有线性函数

$$z = k_1 x_1 \pm k_2 x_2 \pm \cdots \pm k_n x_n \tag{5-13}$$

式中:$x_1, x_2, \cdots, x_n$ 为独立观测值;

$k_1, k_2, \cdots, k_n$ 为常数。

则综合式(5-9)和式(5-12)可得

$$m_z^2 = (k_1 m_1)^2 + (k_2 m_2)^2 + \cdots + (k_n m_n)^2 \tag{5-14}$$

例 5-4 有一函数 $Z = 2x_1 + x_2 + 3x_3$,其中 x_1、x_2、x_3 的中误差分别为 ± 3 mm、± 2 mm、± 1 mm,则 $m_z = \pm \sqrt{6^2 + 2^2 + 3^2} = \pm 7.0''$。

小地区控制测量

任务 **1** 了解控制测量

1. 控制测量简介

控制测量是研究精确测定和描绘地面控制点空间位置及其变化的学科,在工程建设中具有重要的地位。其任务是作为较低等级测量工作的依据,在精度上起控制作用。由于在测量过程当中存在误差,如果测区内没有做好控制测量,则会导致误差逐步积累,最终的测量成果将不能满足精度指标的要求。因此,为了防止误差的积累,提高测量精度,在实际测量中必须遵循"从整体到局部,先控制后碎部"的测量实施原则,即先在测区内建立控制网,以控制网为基础,分别从各个控制点开始施测控制点附近的碎部点。

控制测量分为平面控制测量和高程控制测量。平面控制测量确定控制点的平面坐标,高程控制测量确定控制点的高程。在传统测量工作中,平面控制网与高程控制网通常分别单独布设。目前,有时候也将两种控制网合起来布设成三维控制网。

2. 平面控制测量

平面控制测量是确定控制点的平面位置,建立平面控制网的经典方法有三角网测量、导线测量和交会测量等。现今,全球定位系统 GPS 也成为建立平面控制网的主要方法。

如图 6-1 所示,A、B、C、D、E、F 组成互相邻接的三角形,观测所有三角形的内角,并且至少测量其中一条边长作为起算边,通过计算就可以获得他们之间的相对位置,这样构成的网型称为三角网,进行的这种控制测量称为三角测量。按观测值的不同,三角网测量可分为三角测量、三边测量和边角测量。

导线控制是一种将控制点用直线连接起来所形成的折线形式的控制网,如图 6-2 所示就是一种闭合导线。导线测量是通过观测导线边的边长和转折角,依据起算数据经计算而获得导线点的平面坐标。导线测量布设简单,每点仅需与前、后两点通视,选点方便,特别是在隐蔽地区和建筑物多而通视困难的城市,应用起来很是方便灵活。

交会测量是利用交会定点法来加密平面控制点的一种控制测量方法。通过观测水平角来确定交会点平面位置的工作称为测角交会;通过测边来确定交会点平面位置的工作称为测边交会;通过同时测边长和水平角来确定交会点的平面位置的工作称为边角交会。

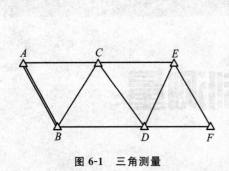

图 6-1　三角测量

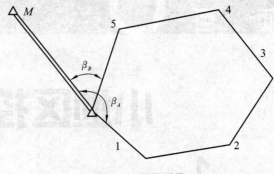

图 6-2　导线测量

GPS 测量是以分布在空中的多个 GPS 卫星为观测目标来确定地面点三维坐标的定位方法。20 世纪 80 年代末，全球卫星定位系统(GPS)开始在我国用于建立平面控制网。现今，GPS 已成为建立平面控制网的主要方法。

我国已在全国范围内建立了国家平面控制网，它是全国各种比例尺测图和工程建设的基本控制网。我国平面控制网主要按三角网方法布设，分为一、二、三、四等四个等级，其中一等三角网作为平面控制网的基础精度最高，其余等级精度由高到低逐级降低，低等级点受高等级点逐级控制。

城市或工程平面控制网是在国家控制网的控制下布设，并按城市或工程建设范围大小布设成不同等级的平面控制网，分为二、三、四等三角网或三、四等导线网和一、二级小三角网或一、二、三级导线网。

在小于 10 km² 的范围内建立的控制网，称为小区域控制网。在这个范围内，水准面可视为水平面，采用平面直角坐标系，不需要将测量成果归算到高斯平面上。小区域平面控制网，应尽可能与国家控制网或城市控制网联测，将国家或城市高级控制点坐标作为小区域控制网的起算和校核数据。如果测区内或测区附近无高级控制点，或联测较为困难，也可建立独立平面控制网。

3. 高程控制测量

高程控制主要通过水准测量方法建立，而在地形起伏大、直接进行水准测量较困难的地区可采用三角高程测量方法建立。

我国采用水准测量方法已建立了全国范围内的高程控制网，称为国家水准网。它是全国范围内施测各种比例尺地形图和各类工程建设的高程控制基础。国家水准网遵循从整体到局部、由高级到低级、逐级控制、逐级加密的原则分四个等级布设。国家一、二等水准网采用精密水准测量建立，是研究地球形状和大小、海洋平均海水面变化的重要资料。国家一等水准网是国家高程控制网的骨干；二等水准网布设于一等水准网内，是国家高程控制网的基础。国家三、四等水准网为国家高程控制网的进一步加密，为地形测图和工程建设提供高程控制点。

以国家水准网为基础，城市高程控制测量分为二、三、四等，根据城市范围的大小，其首级高程控制网可布设成二等或三等水准网，用三等或四等水准网作进一步加密，在四等以下再布设直接为测图用的图根水准网。

在小区域范围内建立高程控制网，应根据测区面积大小和工程要求，采用分级建设的方法。一般情况下，是以国家或城市等级水准点为基础，在整个测区建立三、四等水准网或水准路线，用图根水准测量或三角高程测量测定图根点的高程。

任务 2 坐标正反算

1. 直线定向

确定一条直线的方向称为直线定向,进行直线定向首先要选定一个标准方向,作为直线定向的依据。测量工作中常采用真子午线、磁子午线、坐标纵轴作为标准方向。

地面上任意一点通向地球南北两极的方向称为该点的真子午线方向。真子午线方向可以通过天文测量的方法确定,也可使用陀螺定向的方法来确定。

地面上任意一点通向地球南北磁极的方向称为该点的磁子午线方向。其可通过罗盘仪测定。

直角坐标系统纵轴(X轴)常常用来作为标准方向。

2. 直线方向表示

在测量工作中,直线的方向常用方位角和象限角来表示。

1)方位角

从标准方向的北端起,顺时针方向到直线的水平夹角,称为该直线的方位角,如图6-3所示。方位角值的范围在 $0° \sim 360°$ 之间。

根据选定的标准方向的不同,方位角可分为真方位角、磁方位角和坐标方位角三种。

(1)真方位角:由真北方向起算的方位角。

(2)磁方位角:由磁北方向起算的方位角。

(3)坐标方位角:由坐标北方向起算的方位角。

方位角是有方向性的,在如图6-4所示的坐标系统中,坐标方位角 α_{12} 表示点1到点2方向的坐标方位角,α_{21} 表示点2到点1方向的坐标方位角。α_{12} 和 α_{21} 互称为正、反坐标方位角。由于坐标纵轴处处平行,因此同一直线的正反坐标方位角相差 $180°$,即:

$$\alpha_{12} = \alpha_{21} \pm 180° \tag{6-1}$$

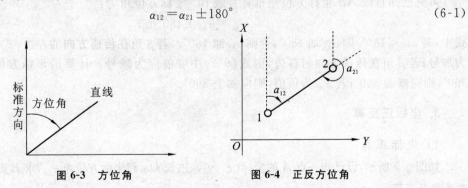

图 6-3　方位角　　　　　　　　图 6-4　正反方位角

2)象限角

从标准方向线的北端或南端开始,顺时针或逆时针到直线的水平夹角称为该直线的象限角。象限角为锐角,角值在 $0° \sim 90°$ 之间。如图6-5所示。

3) 方位角与象限角转换

方位角与象限角可以互相转换，它们的关系如表 6-1 所示。

表 6-1　方位角与象限角关系

象　限	方位角 α	象限角 R
Ⅰ	$\alpha = R$	$R = \alpha$
Ⅱ	$\alpha = 180° - R$	$R = 180° - \alpha$
Ⅲ	$\alpha = 180° + R$	$R = \alpha - 180°$
Ⅳ	$\alpha = 360° - R$	$R = 360° - \alpha$

4) 方位角推算

如图 6-6 所示，已知直线 AB 的坐标方位角 α_{AB}，在 B 点观测了转折角 β，由此推算出直线 BC 的坐标方位角，即为方位角推算。

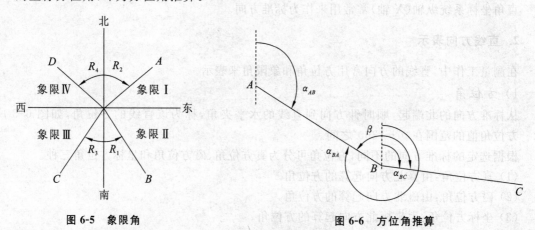

图 6-5　象限角　　　　　　　　　　图 6-6　方位角推算

首先，α_{BA} 为 α_{AB} 的反坐标方位角。$\alpha_{BA} = \alpha_{BA} + 180°$，由图 6-6 可知：

$$\alpha_{BC} = \alpha_{AB} + \beta - 360°$$

可见已知直线 AB 坐标方位角推算直线 BC 坐标方位角为：

$$\alpha_{BC} = \alpha_{AB} \pm 180° \pm \beta \tag{6-2}$$

式中，若 $\alpha_{AB} < 180°$，则 α_{AB} 加 180°，否则 α_{AB} 减 180°。若 β 角在传递方向的左边，式（6-2）中 β 前应为加号；若 β 角在传递方向的右边，则式（6-2）中 β 前应为减号。计算的坐标方位角 α_{BC} 若超过 360°，则应减去 360°；若 α_{BC} 为负值，则应加上 360°。

3. 坐标正反算

1) 坐标正算

如图 6-7 所示，设已知一点 A 的坐标 (x_A, y_A)、边长 D_{AB} 和坐标方位角 α_{AB}，求 B 点的坐标 x_B、y_B，称为坐标正算。

$$\left.\begin{array}{r} x_B = x_A + \Delta x_{AB} \\ y_B = y_A + \Delta y_{AB} \end{array}\right\} \tag{6-3}$$

Δx 称为纵坐标增量，Δy 称为横坐标增量。通过三角函数可计算得出：

$$\left.\begin{array}{l} \Delta x_{AB} = D_{AB} \cdot \cos\alpha_{AB} \\ \Delta y_{AB} = D_{AB} \cdot \sin\alpha_{AB} \end{array}\right\} \quad (6\text{-}4)$$

故 B 点坐标计算式为：

$$\left.\begin{array}{l} x_B = x_A + D_{AB} \cdot \cos\alpha_{AB} \\ y_B = y_A + D_{AB} \cdot \sin\alpha_{AB} \end{array}\right\} \quad (6\text{-}5)$$

2）坐标反算

如图 6-7 所示，设已知两点 A、B 的坐标，求坐标方位角 α_{AB} 和边长 D_{AB}，称为坐标反算。

由反三角函数可计算得出直线 AB 的象限角 R_{AB}：

$$R_{AB} = \arctan\left|\frac{\Delta y_{AB}}{\Delta x_{AB}}\right| \quad (6\text{-}6)$$

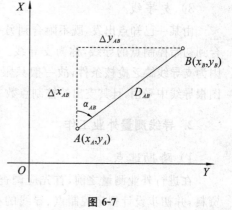

图 6-7

直线 AB 的坐标方位角 α_{AB} 就可以通过表 6-1 方位角与象限角的关系换算得出。

边长 D_{AB} 可通过勾股定理计算得出：

$$D_{AB} = \sqrt{\Delta x_{AB}^2 + \Delta y_{AB}^2} \quad (6\text{-}7)$$

任务 3 导线测量的外业工作

1. 导线形式

导线是建立小地区平面控制网的一种常用的方法，其布设和观测简单、方便、快捷，特别是在地物分布较复杂的城市建筑区、视线障碍较多的隐蔽区和带状地区，多采用导线测量的方法。

按照不同的布设形式，单一导线分为闭合导线、附合导线和支导线三种形式。

1）闭合导线

由某一已知点出发，经过若干点的连续折线最终回到此已知点，形成一个闭合多边形，称为闭合导线。如图 6-8 所示。

2）附合导线

由某一已知点出发，经过若干点的连续折线后终止于另一个已知点上，形成的导线称为附合导线。如图 6-9 所示。

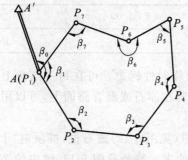

图 6-8　闭合导线

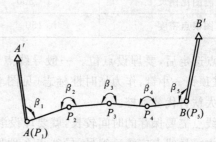

图 6-9　附合导线

3）支导线

由某一已知点出发，既不附合到另一已知点，又不闭合到初始控制点的导线，称为支导线。如图6-10所示。因为支导线缺乏检核条件，故一般只限于在地形测量的图根导线中采用，且其支出的控制点数一般不超过2个。

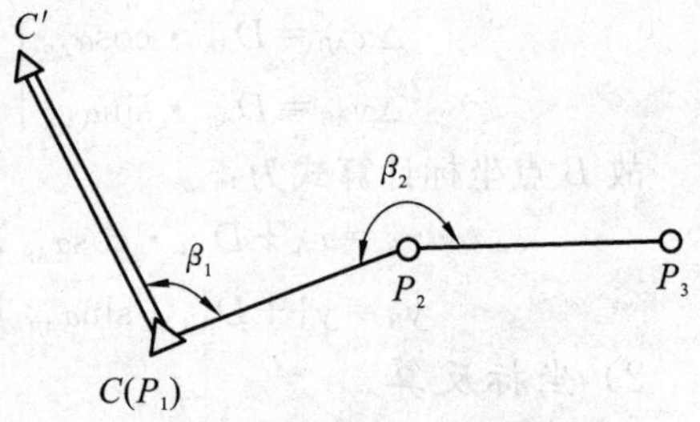

图 6-10　支导线

2. 导线测量外业工作

1）踏勘选点

在进行外业测量之前，首先应调查收集测区范围内已有的地形图、影像图、控制点的成果等资料，并初步设计拟定控制点、导线的布设方案。准备工作完成后，进行实地踏勘，按照设计方案核对、修改、落实点位，必要时可修改设计方案。

实地选点时，应注意下列几点。

（1）相邻点间要求通视良好。如采用钢尺量距丈量导线边长，则沿线地势应较平坦，没有障碍物。

（2）点位应选在土质坚实处，便于保存标志和安置仪器。

（3）在点位上，视野应开阔，便于测绘周围的地物和地貌。

（4）导线各边的边长应参照表6-2的规定，最长不超过平均边长的2倍，相邻导线边长应尽量相等。

表 6-2　城市导线测量主要技术指标

等级	导线长度/km	平均边长/km	测角中误差/(″)	测距中误差/mm	测距相对中误差	测回数 DJ₁	测回数 DJ₂	测回数 DJ₆	方位角闭合差/(″)	相对闭合差
三等	14	3	1.8	20	$\leqslant 1/150000$	6	10	—	$3.6\sqrt{n}$	$\leqslant 1/55000$
四等	9	1.5	2.5	18	$\leqslant 1/80000$	4	6	—	$5\sqrt{n}$	$\leqslant 1/35000$
一级	4	0.5	5	15	$\leqslant 1/30000$	—	2	4	$10\sqrt{n}$	$\leqslant 1/15000$
二级	2.4	0.25	8	15	$\leqslant 1/14000$	—	1	3	$16\sqrt{n}$	$\leqslant 1/10000$
三级	1.2	0.1	12	15	$\leqslant 1/7000$	—	1	2	$24\sqrt{n}$	$\leqslant 1/5000$

（5）导线点应有足够的密度，且均匀分布在测区，便于控制整个测区，表6-3所示为平坦地区图根点密度要求。

表 6-3　平坦地区图根点密度要求

测图比例尺	1∶500	1∶1000	1∶2000
图根点密度	150	50	15

导线点选定后，要埋设点位。一般导线点可埋设临时性标志。可在每一点位上打一大木桩，并在桩顶钉一小钉，作为临时性标志（见图6-11）；若在碎石或沥青路面上，可以用顶上凿有十字纹的大铁钉代替木桩。

若导线点需要保存的时间较长，就要埋设混凝土桩（见图6-12）或石桩，桩顶刻"十"字，作为永久性标志。导线点应统一编号，导线点在地形图上的表示符号见图6-13，图中的2.0表示符号正方形的长宽为 2 mm,1.6 表示符号圆的直径为 1.6 mm。

导线点埋设后,为便于观测时寻找,可以在点位附近房角或电线杆等明显地物上用红油漆标明指示导线点的位置,并应为每一个导线点绘制一张点之记,见图 6-14。

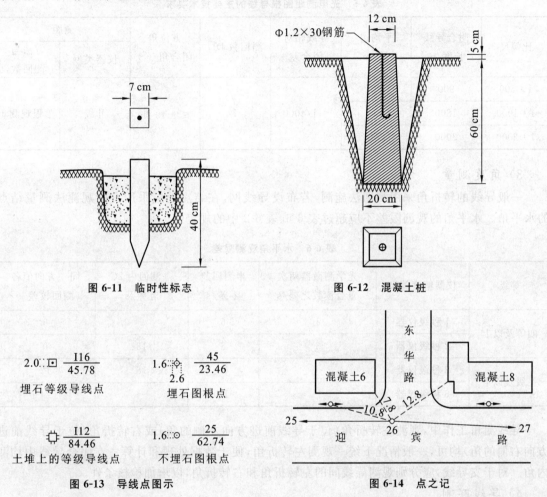

图 6-11　临时性标志　　图 6-12　混凝土桩

图 6-13　导线点图示　　图 6-14　点之记

2) 导线边长测量

若用钢尺进行量距,钢尺必须经过检定。对于一、二、三级导线,应按钢尺精密测距的方法进行。对于图根导线,用一般方法往返丈量。当尺长改正数较大时,应该加尺长改正;量距时平均尺温与检定时温度相差±10 ℃时,应进行温度改正;尺面倾斜大于 1.5%时,应进行倾斜改正,最后取往返丈量的平均值作为观测成果。表 6-4 所示为钢尺量距图根导线的主要技术要求。

表 6-4　钢尺量距图根导线的主要技术要求

比例尺	附合导线长度/m	平均边长/m	导线相对闭合差	测回数 DJ$_6$	方位角闭合差/(″)
1：500	500	75			
1：1000	1000	120	≤1/2000	1	≤±60$\sqrt{n}$
1：2000	2000	200			

图根导线的边长也可用检定过的光电测距仪、全站仪测量。其中注意由于光电测距仪所测定的是倾斜边长,所以还应进行倾斜改正。其技术要求见表6-5。

表 6-5 光电测距图根导线的主要技术要求

比例尺	附合导线长度/m	平均边长/m	导线相对闭合差	测回数 DJ₆	方位角闭合角/(″)	测距	
						仪器类型	方法与测回数
1∶500	900	80	≤1/4000	1	≤±40√n	Ⅱ级	单程观测1
1∶1000	1800	150					
1∶2000	3000	250					

3）角度测量

一般导线的转折角采用测回法施测,若布设导线网,在结点处应采用方向观测法测量结点的水平角。水平角的观测限差不应超过表6-6、表6-2中的规定值。

表 6-6 水平角观测限差

等级	仪器精度等级	光学测微器两次重合读数之差/s	半测回归零差/s	一测回内2C互差/s	同一方向值各测回较差/s
四等及以上	1秒级仪器	1	6	9	6
	2秒级仪器	3	8	13	9
一级及以下	2秒级仪器	—	12	18	12
	6秒级仪器	—	18	—	24

导线测角工作中,观测左转折角(位于导线前进方向左侧的角)或右转折角(位于导线前进方向右侧的角)均可,一般情况下统一观测左转折角,便于数据处理和计算。在闭合导线中均测内角。对于支导线,应分别观测导线间的左转折角和右转折角,以增加检核条件。

4）导线联测

导线联测是指新布设的导线与高等级控制点的连接测量,目的是取得新布设导线的起算数据,即导线起始点的坐标及起算方位角。如图6-8所示闭合导线示意图,此闭合导线与 A、B 两个高等级控制点连接,还需测定连接角 $β_0$ 进行定向。连接角应按高一等级导线的技术要求进行观测。

任务 4 导线测量的内业工作

导线测量的内业工作主要是通过外业测量的数据资料求解各导线点的平面直角坐标。计算之前,应按规范技术要求对导线测量外业成果进行全面检查和验算,检查数据是否齐全,有无记错、算错,确保观测成果正确无误并符合各项限差要求,对于出现问题的数据应及时补测。然后对观测边长进行相应改正,以消除或减弱系统误差的影响,并确保起算数据准确。

1. 闭合导线内业计算

1）检查外业资料并绘制草图

如图 6-15 所示,将已知方位角、坐标和外业测量的数据绘制到草图上。

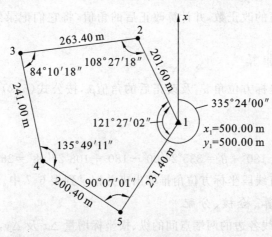

图 6-15 闭合导线草图

2）角度闭合差的计算、检核、分配

根据平面几何原理,n 边形内角和应为 $(n-2)\times180°$,即图 6-15 中 5 边形内角和理论值

$$\sum\beta_{理}=540°00'00''$$

由于观测角不可避免地含有误差,致使实测的内角之和 $\sum\beta_{测}$ 不等于内角和的理论值,而产生角度闭合差 f_β,为:

$$f_\beta=\sum\beta_{测}-\sum\beta_{理} \tag{6-8}$$

根据表 6-4、表 6-5,计算角度闭合差的容许值 $f_{\beta允}$,若 $f_\beta>f_{\beta允}$,则说明所测角度不符合要求,应重新观测角度。若 $f_\beta\leqslant f_{\beta允}$,则可将角度闭合差 f_β 按"反号平均分配"的原则,计算各观测角的改正数 v_β。

角度改正数为:

$$v_\beta=-f_\beta/n \tag{6-9}$$

式中:n 为转折角个数。

将 v_β 加到各观测角 β_i 上,最终计算出改正后的角值 $\hat\beta_i$,即:

$$\hat\beta_i=\beta_i+v_{\beta i} \tag{6-10}$$

改正后的内角和应为 $(n-2)\times180°$,以作计算校核。

在图 6-15 中,$\sum\beta_{测}=540°00'50''$,其角度闭合差为:

$$f_\beta=\sum\beta_{测}-\sum\beta_{理}=540°00'50''-540°=50''$$

$f_{\beta允}$ 按照表 6-4 的技术指标计算为:

$$f_{\beta允}=\pm60''\sqrt{n}=\pm60''\sqrt{5}=\pm134''$$

$f_\beta \leqslant f_{\beta允}$ 可以进行角度闭合差分配。

$$v_{\beta2} = -\frac{f_\beta}{n} = -\frac{50''}{5} = -10''$$

则角 β_2 改正后的角值为：

$$\hat{\beta}_2 = 108°27'18'' + (-10'') = 108°27'08''$$

依次计算各转折角值的改正数，并计算改正后的角值，将它们记录到表 6-7（闭合导线坐标计算表）中。

3）坐标方位角的推算

根据起始边的已知坐标方位角 α_{12} 及改正后的角值 $\hat{\beta}_i$，按公式（6-2）推算其他各导线边的坐标方位角。

在图 6-15 中：

$$\alpha_{23} = \alpha_{12} \pm 180° + \hat{\beta}_2 = 335°24'00'' - 180° + 108°27'08'' = 263°51'08''$$

依次将闭合导线各直线段坐标方位角推算出来并记录到表 6-7 中。

4）坐标增量的计算、检核、分配

按式（6-4）计算出导线各边的两端点间的纵、横坐标增量 Δx 及 Δy，并记录到表 6-7 中。

闭合导线纵、横坐标增量代数和的理论值应分别为零，即：

$$\sum \Delta x_理 = 0 \tag{6-11}$$

$$\sum \Delta y_理 = 0 \tag{6-12}$$

实际上由于测边的误差和角度闭合差调整后的残余误差，往往使 $\sum \Delta x_测$、$\sum \Delta y_测$ 不等于零，而产生纵坐标增量闭合差 f_x 与横坐标增量闭合差 f_y，即：

$$f_x = \sum \Delta x_测 - \sum \Delta x_理 = \sum \Delta x_测 \tag{6-13}$$

$$f_y = \sum \Delta y_测 - \sum \Delta y_理 = \sum \Delta y_测 \tag{6-14}$$

由于 f_x、f_y 的存在，使导线不能闭合，f_D 称为导线全长闭合差，并用下式计算：

$$f_D = \sqrt{f_x^2 + f_y^2} \tag{6-15}$$

仅从 f_D 值的大小还不能真正反映出导线测量的精度，应当将 f_D 与导线全长 $\sum D$ 相比，用相对误差 k 来表示导线测量的精度水平，即：

$$k = \frac{f_D}{\sum D} = \frac{1}{\sum D/f_D} \tag{6-16}$$

以导线全长相对闭合差 k 来衡量导线测量的精度，k 的分母越大，精度越高。不同等级的导线全长相对闭合差的容许值 $k_容$ 可在表 6-4 和表 6-5 中查询。

若 $k > k_容$，则说明测量不合格，首先应检查内业计算过程有无错误，若无误，再检查外业观测成果资料，必要时应重测。若 $k \leqslant k_容$，则说明测量符合相应等级的精度要求，可以对闭合差进行分配调整，即将 f_x、f_y 按照反符号正比例的原则计算导线各边的纵、横坐标增量改正数，然后相应加到导线各边的纵、横坐标增量中去，求得各边改正后的坐标增量。以 v_{xi}、v_{yi} 分别表示第 i 边的纵、横坐标增量改正数，则有：

$$v_{xi} = -\frac{f_x}{\sum D} \cdot D_i \tag{6-17}$$

$$v_{yi} = -\frac{f_y}{\sum D} \cdot D_i \tag{6-18}$$

计算出的各导线边长纵、横坐标增量的改正数(取位到厘米)。纵、横坐标增量的改正数加上导线各边纵、横坐标增量值,即得导线各边改正后的纵、横坐标增量,并填入表6-7中。

改正后的导线纵、横坐标增量之代数和应分别为零,以作计算校核。

5)导线点坐标计算

由起始点的已知坐标和改正后的坐标增量就可依次推算得出各导线点的坐标。

$$x_{n+1} = x_n + \Delta \hat{x}_{改} \tag{6-19}$$

$$y_{n+1} = y_n + \Delta \hat{y}_{改} \tag{6-20}$$

将算得的坐标值填入表6-7中,最后还应推算起点的坐标,其值应与原有的数值相等,以作检核。

表6-7 闭合导线坐标计算表

点号	观测角(左角)	改正数″	改正数	坐标方位角 α	距离 D /m	增量计算值		改正后增量		坐标值		点号
						Δx/m	Δy/m	Δx/m	Δy/m	x/m	y/m	
1	2	3	4＝2＋3	5	6	7	8	9	10	11	12	13
1				335°24′00″	201.60	+5 +183.30	+2 −83.92	+183.35	−83.90	500.00	500.00	1
2	108°27′18″	−10″	108°27′08″	263°51′08″	263.40	+7 −28.21	+2 −261.89	−28.14	−261.87	683.35	416.10	2
3	84°10′18″	−10″	84°10′08″	168°01′16″	241.00	+7 −235.75	+2 +50.02	−235.68	+50.04	665.21	154.23	3
4	135°49′11″	−10″	135°49′01″	123°50′17″	200.40	+5 −111.59	+1 +166.46	−111.54	+166.47	419.53	204.27	4
5	90°07′01″	−10″	90°06′51″	33°57′08″	231.40	+6 +191.95	+2 +129.24	+192.01	+129.26	307.99	370.74	5
1	120°27′02″	−10″	121°26′52″	335°24′00″						500.00	500.00	1
2												
$\sum$	540°00′50″	−50″	540°00′00″		1137.80	−0.30	−0.90	0	0			

辅助计算	$\sum\beta = 540°00′50″$ $-)\sum\beta_{理} = 540°00′00″$ $f_\beta = +50″$ $f_{\beta_p} = \pm 60″\sqrt{5} = \pm 134″$	$W_x = \sum \Delta x_测 = -0.30\text{ m}$ $W_y = \sum \Delta y_测 = -0.09\text{ m}$ $W_D = \sqrt{W_x^2 + W_y^2} = 0.31\text{ m}$ $W_K = \dfrac{0.31}{1137.80} = \dfrac{1}{3600} < W_{Kp} = \dfrac{1}{2000}$ $|f_\beta| < |f_{\beta_p}|$

2. 附合导线内业计算

附合导线的坐标计算与闭合导线的坐标计算基本相同,仅在角度闭合差的计算与坐标增量闭合差的计算方面稍有差别。

1)检查外业资料并绘制草图

附合导线草图如图 6-16 所示。

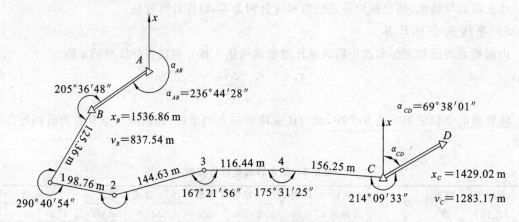

图 6-16　附合导线草图

2)角度闭合差的计算、检核、分配

计算角度闭合差。如图 6-16 所示,根据起始边 AB 的坐标方位角 α_{AB} 及观测的各右转折角,按式(6-2)推算 CD 边的坐标方位角 α'_{CD}。

则角度闭合差 f_β 的计算式为:

$$f_\beta = \alpha'_{CD} - \alpha_{CD} \tag{6-21}$$

关于角度闭合差 f_β 的调整计算,与闭合导线内业计算方法相同,即将角度闭合差 f_β 按反号平均分配的原则,计算出各观测角的改正数 v_β:$v_\beta = -f_\beta/n$;然后将 v_β 加到各观测角 β_i 上,最终计算出改正后的角值 $\hat{\beta}_i$,即:$\hat{\beta}_i = \beta_i + v_\beta$。同样,将所算出的结果填写在附合导线坐标计算表相应的栏内,本例计算见表 6-8。

3)坐标方位角的推算。

根据起始边的已知坐标方位角及改正后的角值 $\hat{\beta}_i$,按公式(6-2)再次推算其他各导线边的坐标方位角并记录到表 6-8 中。

4)坐标增量的计算、检核、分配。

按式(6-4)计算出导线各边的两端点间的纵、横坐标增量 Δx 及 Δy。

依据附合导线的工作原理,其线路的各导线边的纵、横平面坐标增量的代数和理论值应分别等于终、始两点的纵、横已知平面坐标值之差,即:

$$\sum \Delta x_{理} = x_C - x_A \tag{6-22}$$

$$\sum \Delta y_{理} = y_C - y_A \tag{6-23}$$

而按实测边长计算出的导线各边纵、横坐标增量之和分别为 $\Delta x_{测}$ 和 $\Delta y_{测}$,则纵、横坐标增

量闭合差 f_x、f_y 按下式计算：

$$f_x = \sum \Delta x_测 - \sum \Delta x_理 = \sum \Delta x_测 - (x_C - x_A) \tag{6-24}$$

$$f_y = \sum \Delta y_测 - \sum \Delta y_理 = \sum \Delta y_测 - (y_C - y_A) \tag{6-25}$$

附合导线的导线全长闭合差 f_D、全长相对闭合差 k 和容许相对闭合差 $k_容$ 的计算，以及纵、横坐标增量闭合差 f_x、f_y 的调整，与闭合导线内业计算方法完全相同。

表 6-8　附合导线坐标计算表

点号	观测角（左角）	改正数″	改正数	坐标方位角 α	距离 D/m	增量计算值		改正后增量		坐标值		点号
						Δx/m	Δy/m	Δx/m	Δy/m	x/m	y/m	
1	2	3	4=2+3	5	6	7	8	9	10	11	12	13
A				236°44′28″								A
B	205°36′48″	−13″	205°36′35″							1536.86	837.54	B
				211°07′53″	125.36	+4 −107.31	−1 −64.81	−107.27	−64.83			
1	290°40′54″	−12″	290°40′42″							1429.59	772.71	1
				100°27′11″	98.76	+3 −17.92	−2 +97.12	−17.89	+97.10			
2	202°47′08″	−13″	202°46′55″							1411.70	869.81	2
				77°40′16″	114.63	+4 +30.88	−2 +141.29	+30.92	+141.27			
3	167°21′56″	−13″	167°21′43″							1442.62	1011.08	3
				90°18′33″	116.44	+3 −0.63	−2 +116.44	−0.60	+116.42			
4	175°31′25″	−13″	175°31′21″							1442.02	1127.50	4
				94°47′21″	156.25	+5 −13.05	−3 +155.70	−13.00	+155.67			
C	214°09′33″	−13″	214°09′20″							1429.02	1283.17	C
				60°38′01″								
D												D
$\sum$	1256°07′44″	−77″	1256°06′25″		641.44	−108.03	+445.74	−107.84	+445.63			

辅助计算	$\alpha'_{CD} = \alpha_{AB} + 6 \times 180° - \sum \beta_R = 60°36′44″$ $\qquad \sum \Delta x_m = -108.03 \qquad \sum \Delta y_m = 1445.74$ $f_\beta = \alpha'_{CD} - \alpha_{CD} = \pm 1′17″$ $\qquad$ $-)x_C - x_B = -107.84$ $\qquad$ $-)y_C = y_B = 1445.63$ $f_{\beta_p} = \pm 60″\sqrt{6} = \pm 147″$ $\quad W_x = -0.19$ m $\quad W_y = +0.11$ m $|f_\beta| < |f_{\beta_p}|$ $\quad f_D = \sqrt{W_x^2 + W_y^2} = 0.22$ m $\quad W_K = \dfrac{0.22}{641.44} = \dfrac{1}{2900} < W_{K_p} = \dfrac{1}{2000}$

5）导线点坐标计算。

由起始点的已知坐标和改正后的坐标增量，按照式（6-20）、式（6-21）就可依次推算得出各导线点的坐标。

3. 支导线内业计算

支导线中没有检核条件,因此没有闭合差产生,导线转折角和计算的坐标增量均不需要进行改正。支导线的计算步骤如下。

(1) 根据观测的转折角推算各边的坐标方位角。

(2) 根据各边坐标方位角和边长计算坐标增量。

(3) 根据各边的坐标增量推算各点的坐标。

任务 5 交会定点

交会定点测量是加密控制点的常用方法,它可以在数个已知控制点上设站,分别向待定点观测方向或距离,也可以在待定点上设站向数个已知控制点观测方向或距离,最后计算出待定点的坐标。常用的交会测量方法有前方交会、后方交会和测边交会等。

1. 前方交会

前方交会是在已知控制点上设站观测水平角,根据已知点坐标和观测角值,计算待定点坐标的一种方法。如图 6-17 所示,在已知点 $A(x_A, y_A)$、$B(x_B, y_B)$ 上安置经纬仪(或全站仪),分别向待定点 P 观测水平角 α 和 β,便可以计算出 P 点的坐标。为保证交会定点的精度,在选定 P 点时,应使交会角 γ 处于 $30°\sim150°$ 之间,最好接近 $90°$。

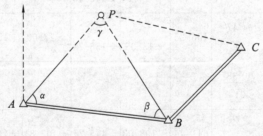

图 6-17 前方交会

当 A、B、P 按逆时针方向排列时,待定点 P 的坐标计算公式为:

$$\left.\begin{array}{l} x_P = \dfrac{x_A \times \cot\beta + x_B \times \cot\alpha + (y_B - y_A)}{\cot\alpha + \cot\beta} \\[3mm] y_P = \dfrac{y_A \times \cot\beta + y_B \times \cot\alpha - (x_B - x_A)}{\cot\alpha + \cot\beta} \end{array}\right\} \qquad (6-26)$$

当 A、B、P 按顺时针方向排列时,则相应的计算公式为:

$$\left.\begin{array}{l} x_P = \dfrac{x_A \times \cot\beta + x_B \times \cot\alpha - (y_B - y_A)}{\cot\alpha + \cot\beta} \\[3mm] y_P = \dfrac{y_A \times \cot\beta + y_B \times \cot\alpha + (x_B - x_A)}{\cot\alpha + \cot\beta} \end{array}\right\} \qquad (6-27)$$

在实际工作中,为了检核交会点的精度,通常从三个已知点 A、B、C 上分别向待定点 P 进行角度观测,分成两个三角形利用余切公式解算交会点 P 的坐标。若两组计算出的坐标的较差 e 在允许限差之内,则取两组坐标的平均值作为待定点 P 的最后坐标。对于图根控制测量,两组坐标较差的限差规定为不大于两倍测图比例尺精度,即:

$$e=\sqrt{(x'_P-x''_P)^2+(y'_P-y''_P)^2}\leqslant 2\times 0.1\times M\text{(mm)} \tag{6-28}$$

式中,M 为测图比例尺分母。

2. 后方交会

后方交会是在待定点设站,观测三个已知控制点的水平角,从而计算待定点的坐标。

如图 6-18 所示的后方交会中,A、B、C 为已知控制点,P 为待定点,通过在 P 点安置仪器,观测水平角 α、β、γ 和检查角 θ,即可唯一确定出 P 点的坐标。

注意:当待定点 P 处于 A、B、C 所构成的圆周上时,P 点位置将无法确定。测量上,称此外接圆为危险圆。因此在选择 P 点时要使其至危险圆的距离大于圆周半径的 $1/5$。

后方交会的计算方法有多种,下面只给出一种实用公式。

在图 6-18 中,在 P 点对 A、B、C 三点观测的水平角为 α、β、γ。

设 A、B、C 三个已知点的平面坐标为 (x_A,y_A)、(x_B,y_B)、(x_C,y_C),其中 $\triangle ABC$ 的三个内角 $\angle A$、$\angle B$、$\angle C$ 可通过坐标反算计算得出。

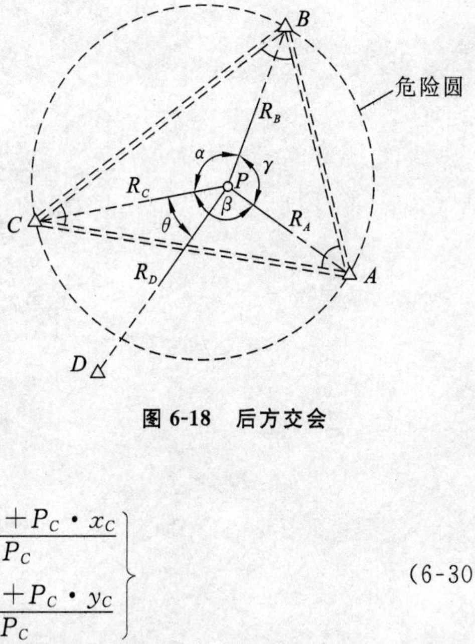

令:

图 6-18　后方交会

$$\left.\begin{aligned}
P_A&=\frac{1}{\cot A-\cot \alpha}=\frac{\tan\alpha\tan A}{\tan\alpha-\tan A}\\
P_B&=\frac{1}{\cot B-\cot \beta}=\frac{\tan\beta\tan B}{\tan\beta-\tan B}\\
P_C&=\frac{1}{\cot C-\cot \gamma}=\frac{\tan\gamma\tan C}{\tan\gamma-\tan C}
\end{aligned}\right\} \tag{6-29}$$

则,待定点 P 的坐标计算公式为:

$$\left.\begin{aligned}
x_P&=\frac{P_A\cdot x_A+P_B\cdot x_B+P_C\cdot x_C}{P_A+P_B+P_C}\\
y_P&=\frac{P_A\cdot y_A+P_B\cdot y_B+P_C\cdot y_C}{P_A+P_B+P_C}
\end{aligned}\right\} \tag{6-30}$$

实际作业时,为提高精度、避免错误发生,通常应从 A、B、C、D 四个已知点分成两组,并观测出交会角,计算出待定点 P 的两组坐标值,求其较差,若较差在限差之内,取两组坐标值的平均值作为待定点 P 的最终平面坐标。

3. 测边交会

侧边交会是一种测量边长交会定点的方法。

如图 6-19 所示,A、B、C 为三个已知点,P 为待定点,S_{AP}、S_{BP}、S_{CP} 为边长观测数据。

依据已知点坐标,按坐标反算方法,可求得已知边的坐标方位角和边长,分别为 α_{AB}、α_{CB} 和 S_{AB}、S_{BC}。

在△ABP中,由余弦定理得:

$$\cos A = \frac{S_{AB}^2 + a^2 - b^2}{2a \cdot S_{AB}}$$

AP直线段的坐标方位角为:

$$\alpha_{AP} = \alpha_{AB} - A$$

则:

$$\left.\begin{array}{l} x_P = x_A + S_{AP} \cdot \cos\alpha_{AP} \\ y_P = y_A + S_{AP} \cdot \sin\alpha_{AP} \end{array}\right\} \qquad (6\text{-}31)$$

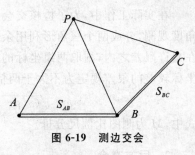

图 6-19　测边交会

实际作业时,为提高精度、避免错误发生,通常进行△ABP和△BCP两组的观测,计算出待定点P的两组坐标值,求其较差,若较差在限差之内,取两组坐标值的平均值作为待定点P的最终平面坐标。

大比例尺地形图的测绘

任务 **1** 大比例尺地形图测绘技术方案设计

1. 做好测图前的准备工作

1）实地踏勘，收集资料

实地踏勘的主要内容包括以下几方面。

（1）交通情况：包含公路、铁路、乡村路的分布、通行情况。

（2）水系分布情况：包含江河、湖泊、池塘、水渠、桥梁、码头及水路交通情况等。

（3）植被情况：森林、草原、农作物类别、分布及其面积。

（4）控制点分布：包含三角点、水准点、GPS 点、导线点的等级、坐标、高程系统、点位数量、点位标志的保存状况等。

（5）居民地分布情况：测区内的城镇、乡村居民地的分布、食宿及供电情况等。

（6）当地的风俗、民情：包括少数民族分布、习俗及地方方言、生活习惯、社会治安等状况。

测图前所需收集的资料包括：各种比例尺的地形图、交通图以及测区气象、水文、地质、社会环境等相关资料；现有平面控制测量资料和高程控制成果，可利用情况；各类相关规范、规程及项目任务书、其他项目的技术设计书。

2）拟定观测计划

拟定观测计划的依据：①项目任务书、合同及其相关规程、规范；②本单位所能投入的仪器设备；③参加人员数量及技术状况；④测区资料收集情况；⑤附近交通、通讯及食宿、供电等后勤保障。

拟定观测计划的主要内容：①测区控制测量具体实施计划；②野外观测实施计划；③仪器配备、经费预算计划；④提交资料时间计划和检查验收计划等。

为保质保量、高效完成任务，在拟定野外观测实施计划时要着重考虑各小组人员组织和测区的划分。作业区分区原则是各作业区地物尽可能独立。作业区划分应以道路、河流、沟渠、山脊等明显线状地物为界。对于地籍测量、房地产测绘，一般以街坊为单位划分作业区。对于跨作业区的线状地物，如电力线，测其方向线，供内业编绘。作业人员包括外业人员、内业人员及生活保障人员。经纬仪量角器联合作业需测站观测员 1 名，跑尺员 1～2 名，绘图员 1 名。

3）仪器设备的准备

依据项目任务书要求，结合本单位的实际情况和作业方法，在测图外业实施前要精心准备所需的仪器设备。仪器设备主要包括:经纬仪、脚架、对讲机、笔记本、视距尺、皮尺或钢尺、计算器、草图本和笔、记录本等。在测图之前应为对讲机充足电,保证对讲机通话无障碍。所有仪器设备必须进行严格的检验,检验不合乎精度要求的仪器必须校正至合格或替换。

2. 了解大比例尺地形图测绘的技术设计

1)技术设计的一般规定

(1)技术设计的目的是制定切实可行的技术方案,保证测绘产品符合技术标准和用户要求,并获得最佳的社会效益、经济效益。为此,每个测绘项目在作业前都必须进行技术设计。

(2)技术设计分项目设计和专业设计。项目设计指对具有完整的测绘工序内容,其产品可提供社会直接使用和流通的测绘项目而进行的综合性设计。构成测绘项目的有大地测量、地形测量、地图制图和制印、工程测量和多用途地籍测量基础资料测绘等。专业设计是在项目设计基础上,按工种进行具体的技术设计,是指导作业的主要技术依据。

(3)项目设计由承担测绘任务的主管部门编写和上报,专业设计由测绘生产单位编写和上报。设计工作可委托测绘设计单位进行,也可组织专职设计人员编写。

2)技术设计的依据与基本原则

(1)技术设计的主要依据。

① 上级下达任务的文件或合同书。

测量任务文件或合同书是测量施工单位上级主管部门或合同甲方下达,具有指令性的技术要求文件,它包含工程项目或编号、设计阶段及测量目的、测区范围及工作量、对测量工作的主要技术要求、施工工期和上交资料等内容。

② 有关的法规和技术标准、技术文件或合同中要求执行的其他技术规范(规程)。

目前大比例尺测图技术依据的规范(规程)主要有以下几个。

a.《城市测量规范》(CJJ/T 8—2011)。

b.《工程测量规范》(GB50026—2007)。

c.《地籍测绘规范》(CH5002—94)和《地籍图图式》(CH5003—94)。

d.《房地产测量规范 第1单元:房产测量规定》(GB/T 17986.1—2000)。

e.《房产测量规范 第2单元:房产图图式》(GB/T 17986.2—2000)。

f.《1∶500 1∶1000 1∶2000 地形图图式》(GB/T 20257.1—2007)。

g.《1∶500 1∶1000 1∶2000 地形图数字化规范》(GB/T 17160—2008)。

h.《城市基础地理信息系统技术规程》(CJJ100—2004)。

i.《基础地理信息系统技术规范》(GB/T 13923—2006)。

j.《1∶500 1∶1 000 1∶2 000 地形图平板仪测量规范》(GB/T 16819—1997)。

k.《1∶500 1∶1000 1∶2000 外业数字测图技术规程》(GB/T 14912—2005)。

③ 有关测绘产品的生产定额、成本定额和装备标准。

④ 测区已有的测量成果及水文、地质、社会环境等资料。

(2)技术设计的基本原则。

① 技术设计方案应先考虑整体而后考虑局部,且顾及发展;要满足用户要求,重视社会效益和经济效益。

② 要从测区的实际情况出发，考虑作业单位的人员素质和设备情况，挖掘潜力，选择最佳作业方案。

③ 广泛收集、认真分析和充分利用已有的测绘成果和资料。

④ 积极采用适用的新技术、新方法和新工艺。

⑤ 当测区范围大，需要较长时间时，可依据用图单位的规划，将测区划分为几个分区，分别进行技术设计。当测区较小，任务少时，技术设计的详略依具体情况而定。

3. 编写技术设计书

技术设计书主要包括以下具体内容。

1）任务概述

说明任务名称、来源、作业区范围、地理位置、行政隶属、测图比例尺、拟采用的技术依据、主要精度指标、计划开工时间和工程完成期限。

2）测区自然地理概况

主要介绍测区踏勘和调查分析工作中所收集的社会、自然、地理、经济、人文等方面的基本情况，综合考虑各方面因素并参照有关生产定额、确定测区的困难类别等。

3）已有资料分析、评价和利用情况

对所收集的已有资料的作业单位、施测年代、施测单位、作业依据标准、所采用的平面坐标及高程基准、比例尺等加以说明，并说明对拟利用资料的检测方法与要求，评价已有资料的质量情况，指出利用的可能性和利用方案。

4）作业依据

主要说明测图作业所依据的规范、图式及有关的技术资料。

5）控制测量方案

控制测量方案包括平面控制测量方案和高程控制测量方案。一般要求先在适当的比例尺地形图上按有关标准进行图上设计并展绘成一定比例尺（1∶5000 或 1∶10000）的平面控制测量设计图和高程测量路线图。

（1）平面控制控制测量方案。

首先要说明平面坐标系统的确定、投影带和投影面的选择。原则上采用国家统一的坐标系统，只有当投影长度变形值大于 2.5 cm/km 时，可另选其他坐标系统，对于测区范围较小地区可采用独立坐标系统。目前，我国测绘工作常用的坐标系有：1954 年北京坐标系、1980 年西安大地坐标系、WGS-84 世界大地坐标系。2008 年 7 月 1 日，我国启用了 2000 国家大地坐标系。其次要说明首级控制网的形式、等级、采用的起始数据、加密层次和图形结构、点的密度、觇标及标石规格要求、使用仪器和施测方法、各项精度指标和限差要求。

（2）高程控制测量方案。

一般高程基准采用国家统一的 1985 国家高程基准或 1956 年黄海高程基准。在特殊地区，如远离国家水准点的新测区，可暂时建立或沿用地方高程系统，一旦条件成熟应及时归算到国家统一高程系统内。高程控制测量方案中应说明首级高程网布网形式、等级、起算数据、路线名称和长度、编号方法、点的密度、觇标和标石的规格要求、使用仪器和观测方法、限差要求和精度指标。

（3）内业计算。

分析评价控制测量外业成果资料；确定平差计算的计算软件、计算方法和精度要求；提出精度分析的方法，对计算成果打印格式和整理的要求。

6）测图方案

测图方案首先要介绍测图比例尺、基本等高距、采用的分幅与编号方法、图幅大小，并绘制测区分幅编号图，然后按照测图工序，依次说明各环节要求和注意事宜。

7）检查验收方案

检查验收是保证测图成果质量合格的重要手段，也是测图工作的重要环节之一。检查验收方案要说明地形图检查的方法、实地检查工作量与要求；中间工序检查的方法与要求；自检、互检、组检方法与要求。

8）工作量统计、作业计划安排和经费预算

工作量的统计是根据测区困难程度和设计方案，统计测图的各个工序的工作量。作业计划是依据统计的工作量和计划投入的人力、物力，参照生产定额，分别列出各期进度计划和各工序间衔接关系、组织计划。经费预算是根据设计方案、作业计划和统计的工作量，参照有关生产定额和成本定额，编制分期经费计划、总经费计划，并作必要说明。

9）应提交资料

应提交资料包括：控制测量成果资料、图根点成果文件、外业观测原始资料、分幅图和测区总图的图形文件、综合工作量表、主要物资器材表等。

10）建议和措施

建议和措施是为避免突发事件、顺利按期完成测量任务，就如何组织人员、提高工作效率、保证质量方面提出建议；对工程实施过程中可能遇到的技术难题、组织漏洞和各种突发事件提出针对性预案；指出业务管理、物质供应、通讯联络等工作中必须采取的措施和建议。

任务 2 碎部点的测绘方法

1. 了解碎部点测绘的方法

1）极坐标法

极坐标法是地形测图中测定碎部点的一种主要方法。极坐标法又分为图解法和解析法。经纬仪图解极坐标法（又称经纬仪、量角器联合测图法，见图7-1）是指用经纬仪直接测定各碎部点相对起始方向（已知控制边）的角度、视距和垂直角，计算出平距和高程，绘图员根据所测水平角、距离，利用半圆规将碎部点描绘在图纸上。经纬仪解析坐标法则是将所测得的数据，依据测站控制点的坐标计算出碎部点的坐标，采用展点法将碎部点按比例尺绘在图纸上。

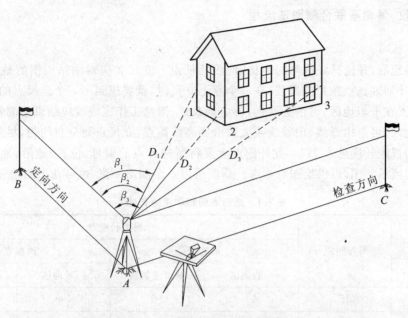

图 7-1　经纬仪、量角器联合测图法

极坐标法适用于通视良好的开阔地区,每一测站所能测绘的范围较大,且各碎部点都是独立测定的,不会产生累积误差,相互间不会发生影响,如有测错的点便于查找、改正,不影响全局。但该法由于须逐点竖立标尺,故工作量和劳动量较大,对于难以到达的碎部点,用此法困难较大。

2) 距离交会法

对于隐蔽地区,尤其是居民区内通视条件不好的少数地物的测绘,采用距离交会比较方便。其方法如图 7-2 所示。在测站 I 上用极坐标法直接测定 1、2 点的平面位置,并量取 $1A$、$2B$ 距离,按几何作图方法绘出大房轮廓,再利用大房投影点推求其背后看不到的小房,在已测点 A、B 处分别向 3、4 各点丈量其距离,然后在图上按测图比例尺用两脚规截取图上长度,分别以 A、B 的投影点为圆心,相应各点至圆心的图上长度为半径画弧,取两相应弧线的交点,即得所求碎部点的图上位置。

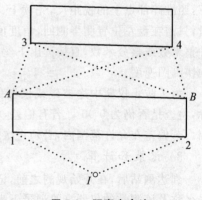

图 7-2　距离交会法

3) 方向交会法

其方法是:在两相邻控制点上分别建立测站,并对同一地面特征点进行照准,在图纸上描绘其对应方向线,则相应的两方向的交点即为所测特征点在图上的平面位置。应用方向交会时,要注意交会角应在 $30°\sim150°$ 范围内,以保证点位的准确性,同时最好有第三个方向作检核。

该方法适用于通视良好、特征点目标明显但距离较远或不便于测距的情况。其优点是可以不测距离而求得碎部点的位置,若使用恰当,可减少立尺点的数量,以提高作业速度。

2. 经纬仪、量角器联合测图法流程

1）选点

首先熟悉地形，并选择好待测的地物、地貌特征点。立尺者应对测站周围的地形地物有全局观点，事先计划好选点跑尺的路线，在一个点上立尺时，就要想到下一个立尺点的位置。跑点的一般原则是：在平坦地区，可由近及远，再由远及近，测站工作完成时应结束于测站附近；在地性线明显的地区，可沿山脊线、山谷线或大致沿等高线跑点，立尺点要分布均匀，尽量一点多用。地形点间距和视距长度见表7-1。此外跑点者要将所选各点的编号、位置、地形、地物的大体情况等画成草图或示意图，以供绘图员参考。草图可以一个测站一张，也可几个测站一张。

表7-1 地形点间距和视距长度

测图比例尺	地形点间距/m	视距长度/m			
		地物点		地貌点	
		一般地区	城市建筑区	一般地区	城市建筑区
1∶500	15	60	50	100	70
1∶1000	30	100	80	150	120
1∶2000	50	180	120	250	200
1∶5000	100	300		350	

2）观测

观测时在控制点上安置经纬仪，进行对中、整平，量取仪器高 i，调节望远镜，照准相邻可见的控制点，配好水平度盘，定好零方向，建立好测站，以待选点者立尺后即可观测。观测顺序如下：照准碎部点上的视距尺，先读上、中、下三丝读数，后读水平角读数、竖直角读数，对于碎部测量，只需在盘左位置测半测回，角度值读至分即可。若操作熟练后可将下或上丝对准视距尺某一整米数或整分米数，直接读出下丝与上丝的尺间隔 l 乘以 100，即得视距，这样可以节省时间，加快测图速度。

为了防止仪器中途被碰或仪器偏心，当观测若干碎部点后，应转动望远镜，瞄准零方向目标，检查是否仍为 $0°00'$。若有偏差，不能超过 $\pm5'$，如果超限，则前面所测各点都得报废，返工重测。若偏差在允许范围内，必须再次配置零方向。

3）记录和计算

到达测站后，在开始观测之前，记录者应首先把测站点的点号名称、高程数据、定向点的点号名称及该测站的仪器高等记录下来。

当观测开始后，记录者必须及时、准确地记下所有观测数据，并立即计算，求得各测点的水平距离及高程。最后将测点的点号、水平角、水平距离、高程等数据报给绘图者，以便及时展点绘图。

4）展点绘图

绘图者将图板架在测站点附近，并将图板定向。展点时，首先在图上轻轻画出零方向线，然后根据记录者报出的数据，以测站点为圆心，自零方向线起，用半圆规按顺时针方向量出所测的水平角,在此方向上,按测图比例尺在半圆规的直尺边上量出所测的水平距离予以刺点,即得该点的平面位置,并在该点上注以高程数字。

任务 **3** 地物测绘方法及地物符号

1. 地物测绘的一般原则

地物在地形图上进行表示的一般原则是:凡能按比例尺表示的地物,应将它们的水平投影位置的几何形状依照测图比例尺描绘在地形图上,如建筑物、铁路、双线河等;或将其边界位置按比例尺表示在图上,边界内绘上相应的符号,如果园、森林、农田等。不能按比例尺表示的地物,在地形图上应用相应的地物符号表示出地物的中心位置,如水塔、烟囱、控制点等;凡是长度能按比例尺表示,而宽度不能按比例尺表示的地物,则应将其长度按比例尺如实表示,宽度以相应的符号表示。

地物测绘时,必须根据规定的比例尺,按规范和地形图图式的要求,进行综合取舍,将各种地物表示在地形图上。

2. 地物符号

地形图上表示地物类别、形状、大小和位置的符号称为地物符号。如房屋、道路、河流和森林等均为地物。这些地物在图上是采用国家统一编制的《地形图图式》中的地物符号来表示的。根据地物的大小及描绘方法的不同,地物符号分为比例符号、非比例符号、半比例符号和地物注记。

1)比例符号

能将地物的形状和大小按测图比例尺如实缩小,并描绘在图纸上所用规定的符号称为比例符号,如房屋、湖泊、农田等。这些符号与地面上实际地物的形状相似。可以在图上量测地物的面积。

当用比例符号仅能表示地物的形状和大小,而不能表示出其地物类别时,应在轮廓内加绘相应符号,以指明其地物类别。

2)半比例符号

某些带状的狭长地物,如铁路、电线、管道等,其长度可以按比例缩绘,但宽度不能按比例缩绘的狭长地物符号,称为半比例符号或线性符号。半比例符号的中心线即为实际地物的中心线。这种符号可以在图上量测地物的长度,而不能量测其宽度。

3)非比例符号

当地物的实际轮廓较小,无法按测图比例尺直接缩绘到图纸上,但因其重要性又必须表示时,可不管其实际尺寸大小,均用规定的符号来表示,这类地物符号称为非比例符号。如测量控制点、独立树、烟囱等。这种地物符号和有些比例符号随着测图比例尺的不同是可以转化的。

非比例符号只能表示物体的位置和类别,不能用来确定物体的实际尺寸。

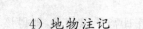

4）地物注记

当应用上述三种符号还不能清楚表达地物的属性时，如建筑物的结构及层数、河流的流速、农作物、森林种类等，而采用文字、数字来说明各地物的属性及名称。这种对地物加以说明的文字、数字或特有符号，称为地物注记。单个的注记符号既不表示位置，也不表示大小，仅起注解说明的作用。

地物注记可分为地理名称注记、说明文字注记、数字注记三类。

在地形图上对于某个具体地物的表示，是采用何种类型的地物符号，主要由测图比例尺和地物的大小而定，一般而言，测图比例尺越大，用比例符号描绘的地物就越多；反之，就越少。随着比例尺的增大，说明文字注记和数字注记的数量也相应增多。

3．地物特征点的选择及勾绘

地物特征点是指能反映地物轮廓范围、形状大小的点。如各类建筑物、构筑物及其主要附属设施等房屋外廓墙角点，道路、河流、管线这类线状延伸的地物的拐弯点、交叉点，独立地物的中心点等。

对于地物点，把相邻点连接起来，形成其轮廓形状，如画建筑物、构筑物等，只需把相邻的房角点用直线连接，而道路、河流等，则在其转弯处逐点连成圆滑的曲线。

由于地物形状极不规则，一般规定地物轮廓凹凸部分在图上小于 0.5 mm 或在 1∶500 比例尺图上小于 1 mm 时，可用直线连接所绘特征点，以此绘出与实地地物相似的地物图形。水系及其附属物，宜按实际形状测绘。

任务 4 地貌测绘方法及地貌符号

1．地貌测绘的原则

地貌是地球表面上高低起伏的各种形态的总称，是地形图上最主要的要素之一。地表起伏变化的形状，常分为平坦地、丘陵地、山地、高山地等几类。在地形图上，表示地貌的方法很多，一般常用的表示方法为等高线法。对于等高线不能表示或不能单独表示的地貌，通常用地貌符号和必要的地貌注记来表示。

2．地貌符号

1）地貌符号相关概念

（1）等高线。

一定区域范围内的地面上高程相等的相邻点所连成的封闭曲线称为等高线。事实上，等高线为一组高度不同的空间平面曲线，地形图上表示的仅是它们在投影面上的投影，在没有特别指明时，通常将地形图上的等高线投影简称为等高线，如图 7-3 所示。

（2）等高距。

地形图上相邻两高程不同的等高线之间的高差，称为等高距，用 h 表示。等高距越小则图上等高线越密，地貌显示就越详细、确切，但图面的清晰程度相应较低，且测绘工作量大大增加；反之，等高距越大则图上等高线越稀，地貌显示就越粗略。因此，在测绘地形图时，等高距的选择必须根据地形高低起伏程度、测图比例尺的大小和使用地形图的目的等因素来决定，对同一幅地形图而言，其等高距是相等的，因此此地形图的等高距也称为基本等高距。根据测图比例尺和地面的坡度关系对基本等高距有不同的要求，如表 7-2 所示。

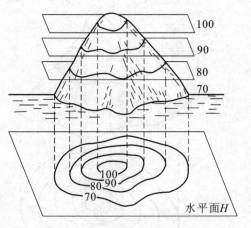

图 7-3　等高线表示地貌

表 7-2　大比例尺地形图的基本等高距

地形类别与地面倾角	比例尺			
	1∶500	1∶1000	1∶2000	1∶5000
平地　$\alpha<30$	0.5	0.5	1	2
山地　$3\leqslant\alpha<10$	0.5	1	2	5
山地　$10\leqslant\alpha<25$	1	1	2	5
高山地　$\alpha\geqslant25$	1	2	2	5

（3）等高线平距。

地形图上相邻等高线间的水平距离，称为等高线平距。由于同一地形图上的等高距相同，故等高线平距的大小与地面坡度的陡缓有着直接的关系。等高线平距越小，地面坡度越陡；平距越大，则地面坡度越缓；地面坡度相等，则等高线平距相等。等高距 h 与等高线平距 D 的比值即为地面坡度 i，即 $i=h/D$。等高线平距与地面坡度的关系见图 7-4。

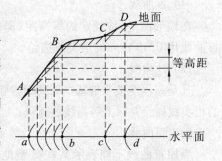

图 7-4　等高线平距与地面坡度的关系

（4）示坡线。

在描绘盆地和山头、山脊和山谷等典型地貌时，通常在某些等高线的斜坡下降方向绘一短线来表示坡向，此种短线称为示坡线。如图 7-5 所示，山头的示坡线仅表示在高程最大的等高线上；而盆地的示坡线却一般选择在最高、最低两条等高线上表示，以便能明显地表示出坡度方向。

2）等高线的分类

为了更好地描绘地貌的特征，便于识图和用图，地形图的等高线又分为首曲线、计曲线、间曲线、助曲线四种。如图 7-6 所示。

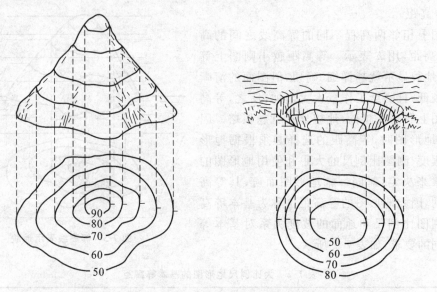

图 7-5　山头和盆地的等高线及示坡线

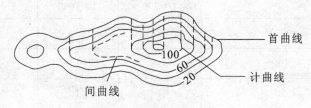

图 7-6　等高线的分类

（1）首曲线。

在地形图上，按规定的等高距（即基本等高距）描绘的等高线称为首曲线，又称基本等高线，首曲线用 0.15 mm 的细实线描绘。

（2）计曲线。

凡是高程能被 5 倍基本等高距整除的等高线称为计曲线，也称加粗等高线，计曲线用 0.3 mm 的粗实线描绘并标上等高线的高程。

（3）间曲线。

当用首曲线不能表示某些微型地貌而又需要表示，可加绘按 1/2 基本等高距描绘的等高线，称为间曲线，间曲线用 0.15 mm 的长虚线描绘。在平坦地当首曲线间距过稀时，可加绘间曲线。间曲线可不闭合而绘至坡度变化均匀为止，但一般应对称。

（4）助曲线。

当用间曲线还不能表示应该表示的微型地貌时，还可在间曲线的基础上再加绘按 1/4 基本等高距描绘的等高线，称为助曲线，助曲线用 0.15 mm 的短虚线描绘。同样，助曲线可不闭合而绘至坡度变化均匀为止，但一般应对称。

3）几种典型地貌的等高线

地球表面高低起伏的形态千变万化，但经过仔细研究分析就会发现它们都是由几种典型的地貌综合而成的。了解和熟悉典型地貌的等高线，有助于正确地识读、应用和测绘地形图。典型地貌主要有：山头和洼地、山脊和山谷、鞍部、陡崖和悬崖等。如图 7-7 所示。

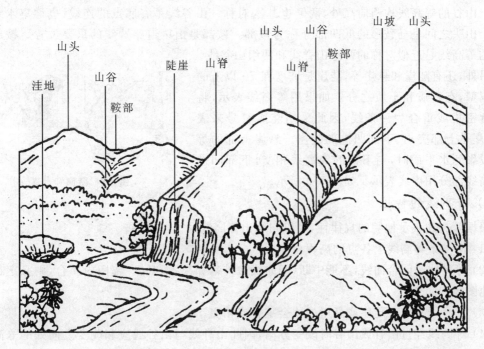

图 7-7　几种典型地貌

（1）山头和洼地。

如图 7-5 所示，分别表示出山头和洼地的等高线，两者都是一组闭合曲线，极其相似。山头的等高线由外圈向内圈高程逐渐增加，洼地的等高线外圈向内圈高程逐渐减小，这样就可以根据高程注记区分山头和洼地。也可以用示坡线来指示斜坡向下的方向。在山头、洼地的等高线上绘出示坡线，有助于地貌的识别。

（2）山脊和山谷、鞍部。

山坡的坡度和走向发生改变时，在转折处就会出现山脊或山谷地貌（见图 7-8）。

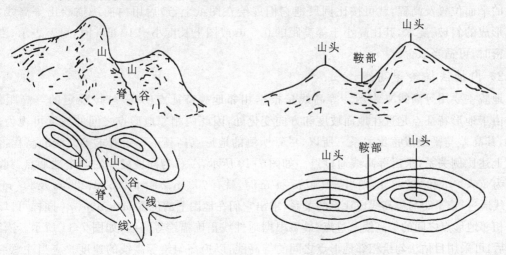

图 7-8　山脊和山谷、鞍部的等高线

山脊的等高线均向下坡方向凸出,两侧基本对称。山脊线是山体延伸的最高棱线,也称分水线。山谷的等高线均凸向高处,两侧也基本对称。山谷线是谷底点的连线,也称集水线。相邻两个山头之间呈马鞍形的低凹部分称为鞍部。鞍部是山区道路选线的重要位置。鞍部左右两侧的等高线是近似对称的两组山脊线和两组山谷线。

另外,还有陡崖和悬崖等,陡崖是坡度在70°以上的陡峭崖壁,有石质和土质之分。如果用等高线表示,将是非常密集或重合为一条线,因此采用陡崖符号来表示;悬崖是上部突出、下部凹进的陡崖。悬崖上部的等高线投影到水平面时,与下部的等高线相交,下部凹进的等高线部分用虚线表示。如图7-9所示。

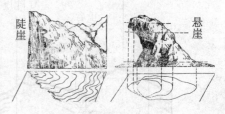

图7-9 陡崖和悬崖

4)等高线的特性

根据等高线表示地貌的规律性,可以归纳出等高线的特性如下。

(1)同一条等高线上各点的高程相等。

(2)等高线是闭合曲线,不能中断(间曲线除外),如果不在同一幅图内闭合,则必定在相邻的其他图幅内闭合。

(3)等高线只有在陡崖或悬崖处才会重合或相交。

(4)等高线经过山脊或山谷时改变方向,因此山脊线与山谷线应和改变方向处的等高线的切线垂直相交。

(5)在同一幅地形图内,基本高线距是相同的,因此,等高线平距大表示地面坡度小;等高线平距小则表示地面坡度大;平距相等则坡度相同。倾斜平面的等高线是一组间距相等且平行的直线。

3. 地貌特征点的选择及勾绘

1)地貌特征点的选择

地貌特征点是指对地形的高低起伏、转折变化具有特殊性且又有代表性的点。可通过选择山顶、山脚、鞍部、山脊线或山谷线上坡度变化处或地形走向转折处等作为特征点。只要测定这些点的平面位置及高程,就可按比例尺把它们展绘在图纸上,最后用内插法描绘出等高线。对天然形成的斜坡、陡坎,其比高小于等高距的0.5 m或图上长度小于10 mm时,可不表示;当坡、坎较密时,可适当取舍。

2)内插法描绘等高线

地貌主要用等高线来表示。等高线是根据相邻地貌特征点的高程,按规定的等高距勾绘的。由于地形特征点是选在地面坡度和方向变化处,因此两相邻地形点之间的坡度可视为是不变的,其高差与平距成正比关系。所以,尽管所测的地形点高程不等于所求等高线的高程,但可通过上述比例关系,求出等高线通过点。如图7-10所示,A、C为同坡度上的两个地形点,其高程分别为207.4 m和202.8 m,则当等高距$h=1$ m时,就有203 m、204 m、205 m、206 m及207 m五条等高线通过,依平距与等高线成比例的关系,求出它们在地图上的位置m、n、o、p、q。同样可以求出其他相邻地形点之间的等高线通过点,最后根据地性线正确描绘等高线,如图7-11所示。当测图熟练后,可采用目估法勾绘相邻地形点之间的等高线,以提高勾绘等高线的速度。应当注意:在两点间进行内插时,这两点间的坡度必须均匀。另外勾绘等高线时,要对照实地情况,先画计曲线,后画首曲线,并注意等高线通过山脊线、山谷线的走向。

当一个测站上的工作完成后,就可搬迁到另一个控制点上,按照相同的工作步骤,一片一片地进行测绘,最后衔接起来,成为一幅完整的地形图。为了相邻图幅的拼接,每幅图应测出图廓外 0.5~1 cm。

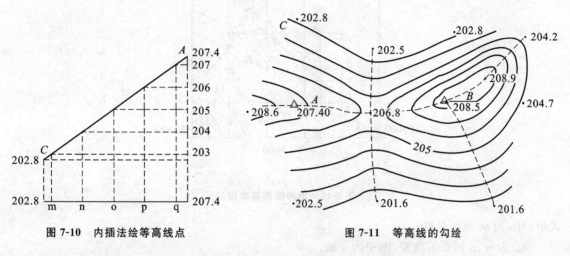

图 7-10 内插法绘等高线点   图 7-11 等高线的勾绘

任务 5 大比例尺地形图的应用

1. 地形图的基本应用

1)确定地面点的平面坐标

在大比例尺地形图内图廓的四角注有实地坐标值。如图 7-12 所示,欲求图上量测 A 点的坐标,可在 A 点所处的小方格,用直线连接成小正方形 $abcd$,过 A 点作格网线的平行线,交格网边于 g、e 点,再量取 ag 和 ae 的图上长度 i、t,即可获得 A 点的坐标为:

$$x_A = x_a + i \times M$$
$$y_A = y_a + t \times M$$

式中:x_A、y_A 为 A 点所在方格西南角点的坐标;

M 为地形图比例尺分母。

2)确定地面点的高程

如图 7-12 所示,所求 C 点恰好位于某等高线上,则该点高程值与所在等高线的高程相同,即 C 点高程为 33 m。

若所求点不在等高线上,如 D 点,则应根据比例内插法确定该点的高程。在图 7-12 中,欲求 D 点高程,首先过 D 点作相邻两条等高线的近似公垂线,与等高线分别交于 m、n 两点,在图上量取 mn 和 mD 的长度,则 D 点高程为

$$H_D = H_m + \frac{mD}{mn} \times h_{mn}$$

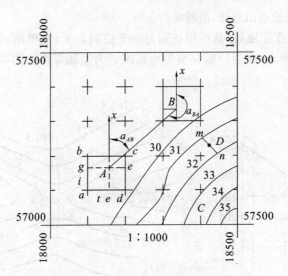

图 7-12 地形图的基本应用

式中：H_m 为 m 点的高程；

h_{mn} 为 m、n 两点的高差，图中为 1 m。

3）计算直线的水平距离、坐标方位角及坡度

在地形图中，根据两点的坐标可以确定出两点之间的水平距离、坐标方位角和两点间的坡度。在图 7-12 中，要计算 A、B 两点的水平距离，应先求出 A、B 两点的坐标值，然后按下列公式计算水平距离及坐标方位角：

$$D_{AB} = \sqrt{(x_B - x_A)^2 + (y_B - y_A)^2}$$

$$\alpha_{AB} = \arctan \frac{\Delta y_{AB}}{\Delta x_{AB}} = \arctan \frac{y_B - y_A}{x_B - x_A}$$

在地形图上求得相邻两点间的水平距离和高差后，还可确定出地面直线的坡度。坡度是指直线两端点间的高差与其平距之比，以 i 表示。如图 7-12 所示，欲求 A、B 两点间的坡度，则必须先求出两点的水平距离和高程，再根据两点之间的水平距离 AB，计算两点间的平均坡度。具体计算公式为：

$$i = \frac{h_{AB}}{D_{AB}} = \frac{H_B - H_A}{D_{AB}}$$

式中：h_{AB} 为 A、B 两点间的高差；

D_{AB} 为 A、B 两点间的直线水平距离。

按上式求得的是两点间的平均坡度，当直线跨越多条等高线，且地面坡度一致，无高低起伏时，所求出的坡度值就表示这条直线的地面坡度值。当直线跨越多条等高线，且相邻等高线之间的平距不等，即地面坡度不一致时，所求出的坡度值就不能完全表示这条直线的地面坡度值。建筑工程中的坡度一般用百分率或千分率表示，如 $i = 4\%$。

4）确定地形图上任意区域的面积

（1）图解几何法。

当所量测的图形为多边形时，可将多边形分解为几个三角形、梯形或平行四边形，如图 7-13(a) 所示，用比例尺量出这些图形的边长。按几何公式算出各分块图形的面积，然后求出多边形的总面积。

当所量测的图形为曲线连接时,如图 7-13(b)所示,则先在透明纸上绘制好毫米方格网,然后将其覆盖在待量测的地形图上,数出完整方格网的个数,然后估量非整方格的面积相当于多少个整方格(一般将两个非整方格看做一个整方格计算),得到总的方格数 n;再根据比例尺确定每个方格所代表的图形面积 S,则得到区域的总面积 $S_{总} = nS$。

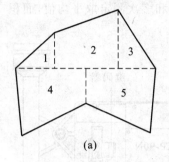 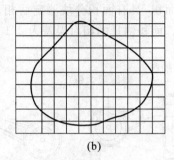 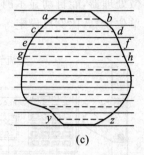

(a)   (b)   (c)

图 7-13   区域面积的计算

也可以采用平行线法计算曲线区域面积,如图 7-13(c)所示,将绘有间距 $d = 1$ mm 或 2 mm 的平行线组的透明纸或透明膜片覆盖在待量测的图形上,则所量图形面积等于若干个等高梯形的面积之和。此法可以克服方格网膜片边缘方格的凑整太多的缺点。图 7-13(c)中平行虚线是梯形的中线。量测出各梯形的中线长度,则图形面积为

$$S = d(ab + cd + ef + \cdots + yz) \quad (d \text{ 为平行线间距})$$

(2)坐标解析法。

坐标解析法是根据已知几何图形各顶点坐标值进行面积计算的方法。

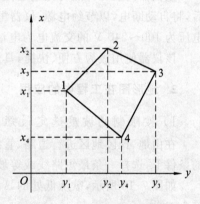

图 7-14   坐标解析法面积量算

当图形边界为闭合多边形,且各顶点的平面坐标已经在地形图上量出或已经在实地测量,则可以利用多边形各顶点的坐标,用坐标解析法计算出图块区域面积。

在图 7-14 中,1、2、3、4 为多边形的顶点时,其平面坐标为已知,分别为 $1(x_1, y_1)$、$2(x_2, y_2)$、$3(x_3, y_3)$、$4(x_4, y_4)$,则该多边形的每一条边及其向 y 轴的坐标投影线(图中虚线)和 y 轴都可以组成一个梯形,多边形的面积 A 就是这些梯形面积的和或,即可按下式计算出图形的区域面积:

$$A = \frac{1}{2}[(x_1 + x_2)(y_2 - y_1) + (x_2 + x_3)(y_3 - y_2) - (x_3 + x_4)(y_3 - y_4) - (x_4 + x_1)(y_4 - y_1)]$$

$$= \frac{1}{2}[x_1(y_2 - y_4) + x_2(y_3 - y_1) + x_3(y_4 - y_2) + x_4(y_1 - y_3)]$$

对于任意的 n 边形,可以写出按坐标计算面积的通用公式:

$$A = \frac{1}{2} \sum_{i=1}^{n} x_i (y_{i-1} - y_{i+1})$$

事实上,也可以按将各点向 X 轴投影来计算区域面积。

(3)求积仪法。

求积仪是一种专门供图上量算面积的仪器,其优点是操作简便、速度快,适用于任意曲线图

形的面积量算,并能保证一定的精度。

求积仪有机械求积仪和电子求积仪两种。在此简单介绍一种用较多得电子求积仪。

如图 7-15 所示为日本 KOIZUMI(小泉)公司生产的 KP-90N 电子求积仪,仪器是在机械装置动极、动极轴、跟踪臂(相当于机械求积仪的描迹臂)等的基础上,增加了电子脉冲记数设备和微处理器,能自动显示测量的面积,具有面积分块测定后相加、相减和多次测定取平均值,面积单位换算,比例尺设定等功能。面积测量的相对误差为 2/1000。

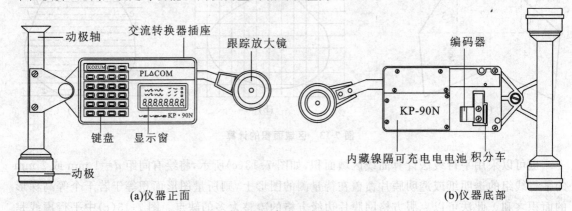

(a)仪器正面   (b)仪器底部

图 7-15   KP-90N 电子求积仪

该仪器内装有镍隔可充电电池,充满电后,可以连续使用 30 个小时;仪器停止使用 5 分钟后,将自动断电,以节约电源;仪器配有输出电压为 5 V、电流为 1.6 A 的专用充电器,可以使用电压为 100～240 V 的交流电为电池充电。

该仪器使用极为方便、快捷,具体使用方法参见仪器说明书,在此略去。

2. 地形图在工程中的应用

1) 按限制的坡度选定最短线路

在山地、丘陵地区进行道路、管线、渠道等工程设计时,都要求线路在不超过某一限制坡度的条件下,选择一条最短路线或等坡度线。

如图 7-16 所示,欲从低处的 A 点到高地 B 点要选择一条公路线,要求其坡度不大于限制坡度 i。

设 b' 等高距为 h,等高线间的平距的图上值为 d,地形图的测图比例尺分母为 M,根据坡度的定义有:$i=\dfrac{h}{dM}$,由此求得:$d=\dfrac{h}{iM}$。

在图中,设计用的地形图比例尺为 1∶1000,等高距为 1 m。为了满足限制坡度不大于 $i=$ 3.3％ 的要求,根据公式可以计算出该线路经过相邻等高线之间的最小水平距离 $d=0.03$ m,于是,在地形图上以 A 点为圆心,以 3 cm 为半径,用两脚规画弧交 54 m 等高线于点 a、a',再分别以点 a、a' 为圆心,以 3 cm 为半径画弧,交 55 m 等高线于点 b、b',依此类推,直到 B 点为止。然后连接 $A,a,b,\cdots,B$ 和 $A,a',b',\cdots,B$,便在图上得到符合限制坡度 $i=3.3％$ 的两条路线。

同时考虑其他因素,如少占农田,建筑费用最少,避开塌方或崩裂地带等,从中选取一条作为设计线路的最佳方案。

如遇等高线之间的平距大于 3 cm,以 3 cm 为半径的圆弧将不会与等高线相交。这说明坡

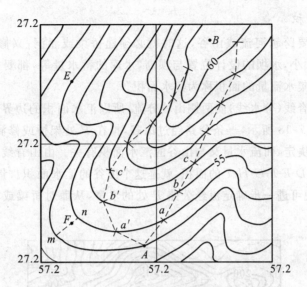

图 7-16　按限制的坡度选定最短线路

度小于限制坡度。在这种情况下，路线方向可按最短距离绘出。

2）按一定方向绘制纵断面图

在各种线路工程设计中，为了进行填挖方量的概算，以及合理地确定线路的纵坡，都需要了解沿线路方向的地面起伏情况，为此，常需利用地形图绘制沿指定方向的纵断面图。

如图 7-17 所示，在地形图上作 A、B 两点的连线，与各等高线相交，各交点的高程即为交点所在等高线的高程，而各交点的平距可在图上用比例尺量得。在毫米方格纸上画出两条相互垂直的轴线，以横轴 AB 表示平距，以垂直于横轴的纵轴表示高程，在地形图上量取 A 点至各交点及地形特征点的平距，并把它们分别转绘在横轴上，以相应的高程作为纵坐标，得到各交点在断面上的位置。连接这些点，即得到 AB 方向的断面图。为了更明显地表示地面的高低起伏情况，断面图上的高程比例尺一般比平距比例尺大 5～20 倍。

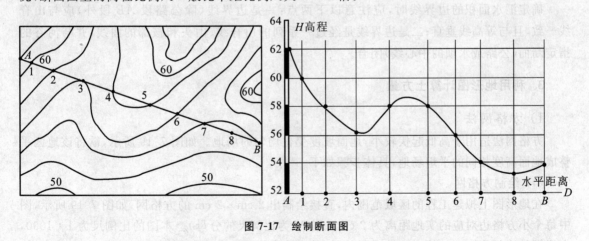

图 7-17　绘制断面图

对地形图中某些特殊点的高程量算，如断面过山脊、山顶或山谷处的高程变化点的高程，一般用比例内插法求得。然后，绘制断面图。

3）确定汇水面积

修筑道路时有时要跨越河流或山谷，这时就必须建桥梁或涵洞；兴修水库必须筑坝拦水。而桥梁、涵洞孔径的大小，水坝的设计位置与坝高，水库的蓄水量等，都要根据汇集于这个地区的水流量来确定。汇集水流量的面积称为汇水面积。

由于雨水是沿山脊线（分水线）向两侧山坡分流，所以汇水面积的边界线是由一系列的山脊线连接而成的。如图 7-18 所示，一条公路经过山谷，拟在 P 处架桥或修涵洞，其孔径大小应根据流经该处的流水量决定，而流水量又与山谷的汇水面积有关。由山脊线和公路上的线段所围成的封闭区域 A-B-C-D-E-F-G-H-I 的面积，就是这个山谷的汇水面积。量测该面积的大小，再结合气象水文资料，便可进一步确定流经公路 P 处的水量，从而对桥梁或涵洞的孔径设计提供依据。

图 7-18　确定汇水面积

确定汇水面积的边界线时，应注意以下两点：一是边界线（除公路段 AB 段外）应与山脊线一致，且与等高线垂直；二是边界线是经过一系列的山脊线、山头和鞍部的曲线，并与河谷的指定断面（公路或水坝的中心线）闭合。

3. 利用地形图计算土方量

1）方格网法

方格网法适用于高低起伏较小，地面坡度变化均匀的场地。如图 7-19 所示，欲将该地区平整成地面高度相同的平坦场地，具体步骤如下。

（1）绘制方格网。

在地形图上拟建工程的区域范围内，直接绘制出 $2\ \text{cm} \times 2\ \text{cm}$ 的方格网，如图 7-19 所示，图中每个小方格边对应的实地距离为 $2\ \text{cm} \times M$（M 为比例尺的分母）。本图的比例尺为 1∶1000，方格网的边长为 $20\ \text{m} \times 20\ \text{m}$，并进行编号，其方格网横线从上到下依次编为 A、B、C、D 等行号，其方格网纵线从左至右顺次编号为 1、2、3、4、5 等列号。则各方格点的编号用相应的行、列号表示，如 A_1、A_2 等，并标注在各方格点左下角。

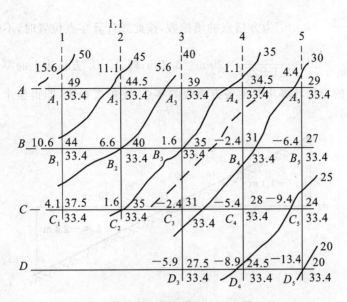

图 7-19　场地平整土石方量计算

（2）计算方格格点的地面高程。

依据方格网各格点在等高线的位置，利用比例内插的方法计算出各点的实地高程，并标注在各方格点的右上角。

（3）计算设计高程。

根据各个方格点的地面高程，分别求出每个方格的平均高程 H_i（i 为 1、2、3……表示方格的个数），将各个方格的平均高程求和并除以方格总数 n，即得设计高程 $H_{设}$。

本例中，先将每一小方格顶点高程加起来除以 4，得到每一小方格的平均高程，再把各小方格的平均高程加起来除以小方格总数即得设计高程。经计算，其场地平整时的设计高程约为 33.4 m，并将计算出的设计高程标在各方格点的右下角。

（4）计算各方格点的填、挖厚度（即填挖数）。

根据场地的设计高程及各方格点的实地高程，计算出各方格点处的填高或挖深的尺寸即各点的填挖数。

填挖数＝地面点的实地高程－场地的设计高程

式中：填挖数为"＋"时，表示该点为挖方点；

填挖数为"－"时，表示该点为填方点。并将计算出的各点填挖数填写在各方格点的左上角。

（5）计算方格零点位置并绘制零位线。

计算出各方格点的填挖数后，即可求每条方格边上的零点（即不需填也不需挖的点）。这种点只存在于由挖方点和填方点构成的方格边上。求出场地中的零点后，将相邻的零点顺次连接起来，即得零位线（即场地上的填挖边界线）。零点和零位线是计算填挖方量和施工的重要依据。

在方格边上计算零点位置，可按图解几何法，依据等高线内插原理来求取。如图 7-20 所示，A_4 为挖方点，B_4 为填方点，在 A_4、B_4 方格边上必存在零点 O。设零点 O 与 A_4 点的距离为 x，则其与 B_4 点距离为 $20-x$，由此得到关系式

$$\frac{x}{h_1} = \frac{20-x}{h_2} \quad (h_1 \text{、} h_2 \text{为方格点的填挖数，按此式计算零点位置时，不带符号})$$

则有 $x = \dfrac{h_1}{h_1 + h_2} \times 20 = \dfrac{1.1}{1.1 + 2.4} \times 20 \text{ m} = 6.3 \text{ m}$，即 A_4、B_4 方格边上的零点 O 距 A_4 的距离为 6.3 m。用同样的方法计算出其他各方格边的零点，并顺次相连，即得整个场地的零位线，用虚线绘出（见图 4-6）。

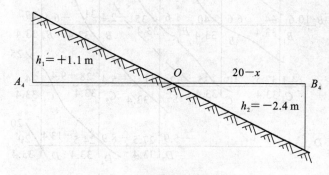

图 7-20　比例内插法确定零点

（6）计算各小方格的填、挖方量。

计算填、挖方量有两种情况：一种为整个小方格全为填（或挖）方；另一种为小方格内既有填方，又有挖方。其计算方法如下。

首先计算出各方格内的填方区域面积 $A_填$ 及挖方区域面积 $A_挖$。

整个方格全为填或挖（单位为 m³），则土石方量为

$$V_填 = \frac{1}{4}(h_1 + h_2 + h_3 + h_4) \times A_填 \quad \text{或} \quad V_挖 = \frac{1}{4}(h_1 + h_2 + h_3 + h_4) \times A_挖$$

方格中既有填方，又有挖方，则土石方量分别为

$$V_填 = \frac{1}{4}(h_1 + h_2 + 0 + 0) \times A_填 \quad (h_1 \text{、} h_2 \text{为方格中填方点的填挖数})$$

$$V_挖 = \frac{1}{4}(h_3 + h_4 + 0 + 0) \times A_挖 \quad (h_3 \text{、} h_4 \text{为方格中挖方点的填挖数})$$

（7）计算总、填挖方量。

用上面介绍的方法计算出各个小方格的填、挖方量后，分别汇总以计算总的填、挖方量。一般说来，场地的总填方量和总挖方量两者应基本相等，但由于计算中多使用近似公式，故两者之间可略有出入。如相差较大时，说明计算中有差错，应查明原因，重新计算。

2）断面法

如图 7-21 所示，*ABCD* 是某建设场地的边界线，拟按设计高程 48 m 对建设场地进行平整，现采用断面法计算填方和挖方的土方量。根据建设场地边界线 *ABCD* 内的地形情况，每隔一定间距（图 7-21 中的图上距离为 2 cm）绘一垂直于场地左、右边界线 *AD* 和 *BC* 的断面图。图 7-22 所示为 *A*-*B*、*I*-*I* 的断面图。由于设计高程定为 48 m，在每个断面图上，凡低于 48 m 的地面与 48 m 设计等高线所围成的面积即为该断面的填方面积，如图 8-12 中的填方面积；凡高于 48 m 设计等高线所围成的面积即为该断面的挖方面积，如图 7-22 中的挖方面积。

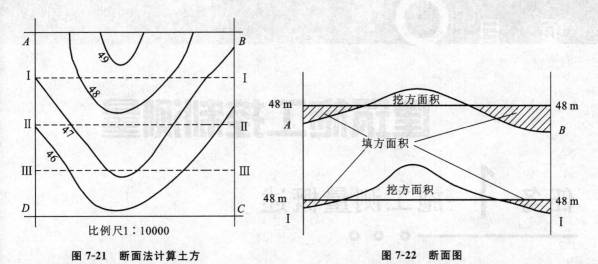

图 7-21　断面法计算土方　　　　　　　　　图 7-22　断面图

　　分别计算出每一断面的总填、挖土方面积后,然后将相邻两断面的总填(挖)土方面积相加后取平均值,再乘上相邻两断面间距 L,即可计算出相邻两断面间的填、挖土方量。

　　在地形起伏变化较大的地区,或者如道路、管线等线状建设场地,则宜采用断面法来计算填、挖土方量。

建筑施工控制测量

任务 1 施工测量概述

1. 建筑施工测量的主要内容及特点

各种工程建设的施工阶段和运营阶段所进行的测量工作,统称施工测量,其主要目的就是将设计的建筑物、构筑物的平面位置和高程,按照设计要求以一定的精度测设在地面上或不同的施工部位,并设置明显标志,作为施工依据。

施工测量的主要内容如下。

(1) 施工前准备工作及建立施工控制网。

(2) 场地平整、建(构)筑物的测设、基础施工、建筑构件安装定位等测量工作。

(3) 附属道路及管线施工测量、竣工测量。

(4) 检查、验收工作。每道施工工序完成后,都要通过测量检查工程完工部分的实际位置和高程是否符合要求。

(5) 变形观测工作。对于大中型建筑物,根据建筑物施工进程,监测建筑物及其附近场地、管线等的形变。

建筑施工测量的主要特点如下。

(1) 施工控制网的精度要求应以工程建筑物建成后的允许偏差(建筑限差)来确定。一般来说,施工控制网的精度高于测图控制网的精度。

(2) 测设精度的要求取决于建(构)筑物的大小、材料、用途和施工方法等因素。一般高层建筑物的测设精度高于底层控制网的精度,钢结构厂房的测设精度高于钢筋混凝土结构厂房,装配式建筑物的测设精度高于非装配式建筑物。

(3) 施工测量工作满足工程质量和工程进度要求。测量人员必须熟悉图纸,了解定位依据和定位条件,掌握建筑物各部件尺寸关系及高程数据,了解工程流程,及时掌握施工现场变动,确保施工测量的正确性和即时性。

(4) 各种测量标志必须埋设在能长久保存、便于施工的位置,妥善保管,经常检查。施工中尽量避免测量标志被破坏。如有破坏,及时恢复,并向施工人员交底。

(5) 为了保证各种建筑物、管线等相对位置能满足设计要求,便于分期分批进行测设和施工,施工测量必须遵守:布局上整体到局部、精度上从高级到低级,工作程序上先控制后碎部。

任务 2 点位测设和曲线测设

1. 点位测设的方法

点的平面位置测设是根据已布设好的施工控制点的坐标和待测设点的坐标，反算出测设数据，即控制点和待测设点之间的水平距离和水平角，再利用一定的测设方法标定出设计点位。

根据所用的仪器设备、控制点的分布情况、测设场地地形条件及测设点精度要求等条件，点的平面位置的测设放样方法，一般有极坐标法、直角坐标法、角度交会法、距离交会法、十字方向法和全站仪坐标测设法等几种，使用最为方便的是极坐标法。

1）极坐标法

如图 8-1 所示，$A(x_A,y_A)$、$B(x_B,y_B)$ 为已知控制点，$1(x_1,y_1)$、$2(x_2,y_2)$ 点为待测设点。根据已知点坐标和测设点坐标，用坐标反算方法计算出测设数据，即：D_1、D_2；$\beta_1=\alpha_{A1}-\alpha_{AB}$，$\beta_2=\alpha_{A2}-\alpha_{AB}$。

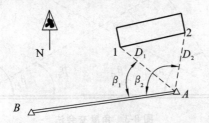

图 8-1　极坐标法测设点的平面位置

测设时，经纬仪安置在 A 点，后视 B 点，取盘左位，并置度盘为零，按盘左盘右分中法测设水平角 β_1、β_2，定出 1、2 点方向，沿此方向测设水平距离 D_1、D_2，则可在地面标定出设计点位 1、2 两点。

最后进行检核。检核时，可以采用丈量实地 1、2 两点之间的水平边长，并与 1、2 两点设计坐标反算出的水平边长进行比较。务必达到精度要求，否则，需重新放样。

如果待测设点的精度要求较高，可以利用精确方法测设水平角和水平距离。

2）直角坐标法

如图 8-2 所示，A、B、C、D 为建筑方格网（或建筑基线）控制点，1、2、3、4 为待测设建筑物轴线的交点，建筑方格网（或建筑基线）分别平行或垂直于待测设建筑物的轴线。根据控制点的坐标和待测设点的坐标可以计算出两者之间的坐标增量。下面以测设 1、2 点为例，说明测设方法。

首先计算出 A 点与 1、2 点之间的坐标增量，即 $\Delta x_{A1}=x_1-x_A$，$\Delta y_{A1}=y_1-y_A$。然后在 A 点安置经纬仪，照准 C 点，沿此视线方向从 A 向 C 方向测设水平距离 Δy_{A1} 定出 $1'$ 点。再安置经纬仪于 $1'$ 点，盘左照准 C 点（或 A 点），测设出 $90°$ 方向线，并沿此方向分别测

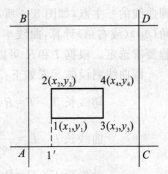

图 8-2　直角坐标法放样

设出水平距离 Δx_{A1} 和 Δx_{12} 定 1、2 两点。同法以盘右位置再定出 1、2 两点,确定出 1、2 两点在盘左和盘右状况下测设点的中点,即为所需放样点的平面位置。

采用同样的方法可以测设 3、4 点的平面位置。最后,进行测量检核。检核时,可以在已测设好的点平面位置上架设经纬仪,检测各个角度是否符合设计要求,并丈量各条边长。务必达到所需质量标准。

3) 角度交会法

如图 8-3 所示,首先,根据控制点 A、B 和测设点 1、2 的坐标,反算测设出数据 β_{A1}、β_{A2}、β_{B1} 和 β_{B2} 角度值。然后,将经纬仪安置在 A 点,瞄准 B 点,利用 β_{A1}、β_{A2} 角值按照盘左盘右分中法,定出 $A1$、$A2$ 方向线,并在其方向线上的 1、2 两点附近分别打上两个木桩(俗称骑马桩),桩上钉小钉以表示此方向,并用细线拉紧。然后,在 B 点安置经纬仪,同法定出 $B1$、$B2$ 方向线。根据 $A1$ 和 $B1$、$A2$ 和 $B2$ 方向线可以分别交出 1、2 两点,即为所求待测设点的位置。

当然,也可以利用两台经纬仪分别在 A、B 两个控制点同时设站,测设出方向线后标定出 1、2 两点。

检核时,可以采用丈量实地 1、2 两点之间的水平边长,并与 1、2 两点设计坐标反算出的水平边长进行比较。

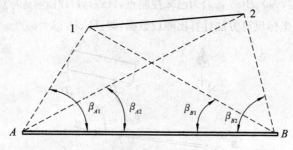

图 8-3 角度交会法

2. 圆曲线的测设

1) 圆曲线的主点及其里程计算

圆曲线是具有一定曲率半径的圆弧,它有三个重要点位即直圆点(ZY)(曲线起点)、曲线中点(QZ)、圆直点(YZ)(曲线终点)控制着曲线的方向,这三点称为圆曲线的三主点,如图 8-4 所示,转向角 I 根据所测左角($\beta_{\text{左}}$)(或右角)计算,曲线半径 R 根据地形条件和工程要求选定。根据 I 和 R 可以计算其他测设元素。

圆曲线测设的元素如下:

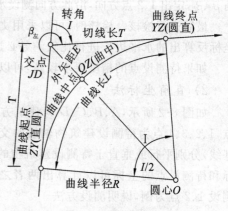

图 8-4 圆曲线要素

$$\left. \begin{array}{ll} \text{切线长 } T & T = R\tan\dfrac{I}{2} \\[2mm] \text{曲线长 } L & L = \dfrac{\pi}{180°}\times RI \\[2mm] \text{外矢距 } E & E = R\left(\sec\dfrac{I}{2}-1\right) \\[2mm] \text{切曲差 } D & D = 2T - L \end{array} \right\} \qquad (8\text{-}1)$$

式中：I 为线路转向角；

    R 为圆曲线半径；

    T、L、E、D 为圆曲线测设元素。

根据交点的桩号和圆曲线元素可推出圆曲线主点桩号的计算

$$\left.\begin{array}{l} ZY\ 桩号 = JD\ 桩号 - T \\ YZ\ 桩号 = ZY\ 桩号 + L \\ QZ\ 桩号 = YZ\ 桩号 - \dfrac{I}{2} \end{array}\right\} \tag{8-2}$$

$$JD\ 桩号 = QZ\ 桩号 + \dfrac{D}{2} \tag{8-3}$$

2）圆曲线主点的测设

（1）如图 8-5 所示，在 JD 处安置经纬仪，照准后一方向线的交点或转点并设置水平度盘为 $0°00'00''$，从 JD 点沿线方向量取切线长 T 得 ZY 点，并打桩标钉其点位，立即检查 ZY 至最近的里程桩的距离，若该距离与两桩号之差相等或相差在容许范围内，则认为 ZY 点位正确，否则应查明原因并纠正之。再将经纬仪转向路线另一方向，同法求得 YZ 点。

（2）转动经纬仪照准部，拨角为 $(180° - I)/2$，在其视线上量 E 值即得 QZ 点。

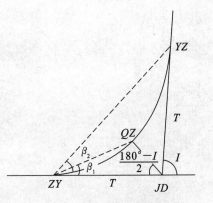

图 8-5　圆曲线主点的测设

（3）检查三主点相对位置的正确性：将经纬仪安置在 ZY 上，用测回法分别测出 β_1、β_2 角值，若 $\beta_1 - I/4$、$\beta_2 - I/2$ 在允许范围内，则认为三主点测设位置正确，即可继续进行圆曲线的详细测设。

3）圆曲线的详细测设

圆曲线的详细测设就是根据地形情况和曲线半径大小，一般每隔 5 m、10 m、20 m 测设一点，还包括一定距离的加密桩、百米桩及其他加桩。圆曲线详细测设的方法很多，可视地形条件加以选用，偏角法是测设圆曲线的常用方法。

偏角法又称极坐标法。它是根据一个角度和一段距离的极坐标定位原理来设点的，也就是以曲线的起点或终点至曲线上任一点的弦线与切线之间的偏角（即弦切角）和弦长来测定该点的位置的。如图 8-6 所示，以 l 表示弧长，c 表示弦长，根据几何原理可知，偏角即弦切角 Δ_i 等于相应弧长 l 所对圆心角 φ_i 的一半。则有关数据可按下式计算：

圆心角：
$$\varphi = \frac{l}{R} \times \frac{180°}{\pi}$$

偏角：
$$\Delta = \frac{1}{2} \times \varphi = \frac{1}{2} \times \frac{l}{R} \times \frac{180°}{\pi} = \frac{l}{R} \times \frac{90°}{\pi} \tag{8-4}$$

弦长：
$$c = 2R \times \sin \frac{\varphi}{2} = 2R \times \sin \Delta$$

弧弦差：
$$\delta = l - c = \frac{l^3}{24R^2}$$

如果曲线上各辅点间的弧长 l 均相等时，则各辅点的偏角都为第一个辅点的整数倍，即

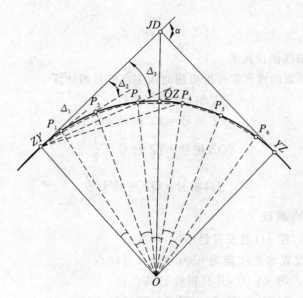

图 8-6 偏角法测设圆曲线

$$\Delta_2 = 2\Delta_1$$
$$\Delta_3 = 3\Delta_1$$
$$\vdots$$
$$\Delta_n = n\Delta_1$$

(8-5)

而曲线起点 ZY 至曲中线点的 QZ 的偏角为 $\dfrac{\alpha}{4}$，曲线起点 ZY 至曲线终点 YZ 的偏角为 $\dfrac{\alpha}{2}$，可用这两个偏角值作为测设的校核。

具体测设步骤如下。

(1) 核对在中线测量时已经桩钉的圆曲线的主点 ZY、QZ、YZ，若发现异常，应重新测设主点。

(2) 将经纬仪安置于曲线起点 ZY，以水平度盘读数 $0°00'00''$ 瞄准交点 JD，如图 9-22 所示。

(3) 松开照准部，置水平盘读数为 1 点之偏角值 Δ_1，在此方向上用钢尺从 ZY 点量取弦长 c_1，桩钉 1 点。再松开照准部，置水平度盘读数为 2 点之偏角 Δ_2，在此方向线上用钢尺从 1 点量取弦长 c_2，桩钉 2 点。可用同样的方法测设其余各点。

(4) 最后应闭合于曲线终点 YZ，以此来校核。若曲线较长，可在各起点 ZY、终点 YZ 测设曲线的一半，并在曲线中点 QZ 进行校核。校核时，如果两者不重合，其闭合差一般不得超过如下规定：

半径方向(路线横向)误差　　　± 0.1 m

切线方向(路线纵向)误差　　　$\pm \dfrac{L}{1000}$(L 为曲线长)

(8-6)

偏角法是一种测设精度较高、灵活性较大的常用方法，适用于地势起伏，视野开阔的地区。它既能在三个主点上测设曲线，又能在曲线任一点测设曲线，但其缺点是测点有误差的积累，所以宜在由起点、终点两端向中间测设或在曲线中点分别向两端测设。对于小于 100 m 的曲线，由于弦长与相应的弧长相差较大，不宜采用偏角法，可采用其他方法。

任务 3 建筑施工控制网施测

为了保证施工测量的精度和速度,使各个建筑物、构筑物的平面位置和高程都能符合设计要求,在标定建筑物位置之前,根据勘察设计部门提供的测量控制点,先在整个建筑场区建立统一的施工控制网,作为建筑物定位放线的依据。为建立施工控制网而进行的测量工作,称为施工控制测量。

施工控制网分为平面控制网和高程控制网。平面控制网常用的有三角网、导线网、GPS 网、建筑方格网和建筑基线。高程控制网则需根据场地大小和工程要求分级建立,常采用水准网。有时也可利用原测图控制网作为施工控制网进行建筑物的测设。但多数情况下,由于测图时一般尚无法考虑施工的需要,因而控制点的位置和精度很难满足施工测量的要求,且平整场地时多数已遭到破坏,故较少采用。

1. 施工控制网的特点

与勘测阶段的测图控制网相比,施工控制网具有如下一些特点。

(1) 控制点密度大,精度高,使用频繁,受施工干扰多。这就要求施工控制网点位选择、测定及桩位的保护等各项工作,应于施工方案、现场布置统一考虑确定,务求点位分布合理、便于使用、不易破坏。

(2) 在施工控制测量中,局部控制网的精度要求往往比整体控制网的精度高。如有些重要厂房的矩形控制网,精度常高于整个工业场地的建筑方格网。在一些重要设备安装时,也经常要求建立高精度的专用局部控制网。其实,局部高精度控制网只是利用大范围控制网传递一个其实数据而已,它可布设成自由网形式。

2. 建筑场地施工平面控制网的形式

施工平面控制网的布设应综合考虑建筑总平面图和施工地区地形条件、已有测量控制点分布情况、施工方案等诸多因素确定布置形式。对于地形起伏较大的山区和丘陵地区,可采用三角网、边角网及 GPS 网。对于平坦地区、通视条件困难地区,如改扩建的施工场地,或建筑物分布很不规则时,可采用导线、导线网或 GPS 网。对于地形平坦而简单的小型建筑场地,常布置一条或几条建筑基线。对于地势平坦,建筑物分布比较规整和密集的大、中型建筑施工场地可布置建筑方格网。

对于建筑场地大于 1 km^2 的工程项目或重要工业区,应建立一级或二级以上精度的平面控制网;对于场地面积小于 1 km^2 的工程项目或一般性建筑区,可建立二级精度的平面控制。

场地平面控制网相对于勘察阶段控制点的定位精度不应大于 5 cm。各施工控制网点位应选在通视良好、土质坚硬、便于观测、利于保存的地点,并埋设标石。标石埋设深度应根据地冻线和场地设计标高确定。对于建筑方格网点应埋设顶面为标志板的标石。

3. 建筑基线

1) 施工坐标系统

在建筑总平面图上,建筑物的平面位置一般用施工坐标系统来表示。所谓施工坐标系,就是以建筑物的主要轴线作为坐标轴而建立起来的局部坐标系统。如工业建设场地通常采用主要车间或主要生产设备的轴线作为坐标轴来建立施工坐标系统。故在布设施工控制网时,应尽可能将这些轴线包括在控制网内,使它们成为控制网的一条边。

当施工控制网与测图控制网的坐标系统不一致时(因为建筑总平面图是在地形图上设计的,所以施工场地上的已有高等级控制点的坐标是测图坐标系下的坐标),应进行两种坐标系间的数据换算,以使坐标统一。其换算方法为:在图 8-7 中,设 x-O-y 为测图坐标系,A-Q-B 为施工坐标系,则 P 点在两个系统内的坐标 x_P、y_P 和 A_P、B_P 的关系式为

$$x_P = x_Q + A_P \cos\alpha - B_P \sin\alpha \tag{8-7}$$

$$y_P = y_Q + A_P \sin\alpha + B_P \cos\alpha \tag{8-8}$$

或在已知 x_P、y_P 时,求 A_P、B_P 的关系式为

$$A_P = (x_P - x_Q)\cos\alpha + (y_P - y_Q)\sin\alpha \tag{8-9}$$

$$B_P = -(x_P - x_Q)\sin\alpha + (y_P - y_Q)\cos\alpha \tag{8-10}$$

以上各式中的 x_Q、y_Q 和 α 由设计文件给出或在总平面图上用图解法量取(α 为施工坐标系的纵轴与测图坐标系纵轴的夹角)。

2) 建筑基线的布设形式

建筑基线的布置也是根据建筑物的分布、场地的地形和原有控制点的状况而选定的。建筑基线应靠近主要建筑物,并与其轴线平行或垂直,以便采用直角坐标法或极坐标法进行测设,建筑基线主点间应相互通视,边长为 $100 \sim 300$ m,其测设精度应满足施工放样的要求,通常可在总平面图上设计,其形式一般有三点"一"字形、三点"L"字形、四点"T"字形和五点"十"字形等几种形式,如图 8-8 所示。为了便于检查建筑基线点有无变动,布置的基线点数应不少于三个。

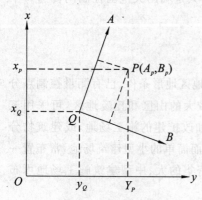

图 8-7 施工与测量坐标系的关系

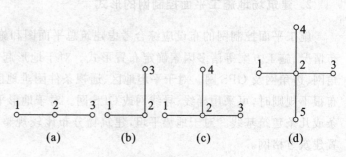

图 8-8 建筑基线形式

3) 建筑基线的测设

(1) 根据建筑红线确定建筑基线。

在老建筑区,建筑用地的边界一般由城市规划部门在现场直接标定,如图 8-9(a) 中的 1、2、3 点即为地面标定的边界点,其连线 12 和 23 通常是正交的直线,称为"建筑红线"。通常,所设

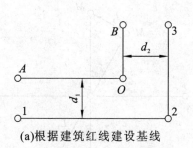

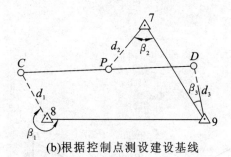

(a)根据建筑红线建设基线　　　　　(b)根据控制点测设建设基线

图8-9　建筑基线的测设方法

计的建筑基线与建筑红线平行或垂直,因而可根据红线用平行推移法,利用经纬仪和钢尺测设建筑基线 OA、OB。在地面用木桩标定出基线主点 A、O、B 后,应安置仪器于 O 点,测量角度 $\angle AOB$,看其是否为 $90°$,其差值不应超过 $\pm 24''$,超限按水平角精确测设的方法进行调整。若未超限,再测量 OA、OB 的距离,看其是否等于设计数据,其差值的相对误差不应大于 $1/10000$。若误差超限,需检查推移平行线时的测设数据,可适当调整 A、B 点的位置,测设基线主点。

(2)根据测图控制点测设。

测设前首先将施工坐标转化成测图坐标,求得图8-9(b)中 C、P、D 三个建筑基线点的测图坐标,计算测设基线点放样数据。其次,可采用极坐标方法,在实地标定出 C_1、P_1、D_1 三点位置,如图8-10所示,并用木桩做相应标记。然后,检查三个定位点 C_1、P_1、D_1 是否在一条直线上。方法如下:安置经纬仪于 P' 点,检测 $\angle C_1 P_1 D_1$ 是否为 $180°$。如与 $180°$ 之差不大于 $\pm 24''$,则进行调整。如大于 $\pm 24''$ 则找出原因重测。最后,调整 C_1、P_1、D_1 三个定位点的位置。步骤如下:先根据三个主点之间的距离 a、b 按下式计算出改正数 δ,即:

$$\delta = \frac{ab}{a+b}\left(90° - \frac{\beta}{2}\right)\frac{1}{\rho} \tag{8-11}$$

当 $a=b$ 时:

$$\delta = \frac{a}{2}\left(90° - \frac{\beta}{2}\right)\frac{1}{\rho} \tag{8-12}$$

然后将定位点 C_1、P_1、D_1 这三点按 δ 值移动,方向见图8-10,并调整三个定位点之间的距离。先检查 C、P 间及 P、D 间的距离,若检查结果与设计长度之差的相对误差不大于 $1/10000$,则以 P 点为准,按设计长度调整 C、D 两点,最后确定 C、P、D 三点位置。

与 CPD 建筑基线垂直的 MPN 轴线的测设方法如下:如图8-5所示,安置经纬仪于 P 点,照准 C 点转动照准部 $90°$,初步定下 M' 点,倒转望远镜初步定下 N' 点,检测 $\angle CPM'$ 是否为 $90°$。如与 $90°$ 之差不大于 $\pm 24''$,则进行调整。如大于 $\pm 24''$ 则找出原因重测。调整定位点 M'、N' 的位置。按式(8-11)计算出改正数 l,即:

$$l = L\frac{\varepsilon}{\rho} \tag{8-13}$$

然后将定位点 M'、N' 这两点按值 l 移动,方向见图8-11。反复检查和调整至误差在允许范围内为止,标定下 M、N 的位置。

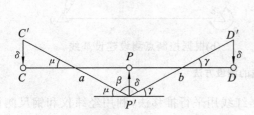

图 8-10　基点的调整

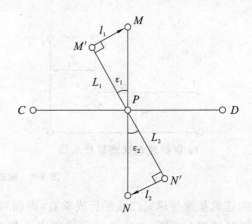

图 8-11　短轴线测设及调整

4. 建筑方格网

1）建筑方格网定义

对于地形较平坦的大、中型建筑场区，主要建筑物、道路及管线常按互相平行或垂直关系进行布置。为简化计算或方便施测，施工平面控制网多由正方形或矩形格网组成，称为建筑方格网。利用建筑方格网进行建筑物定位放线时，可按直角坐标法测设点位，不仅容易推求测设数据，且具有较高的测设精度。

2）建筑方格网设计

建筑方格网的布置，应根据建筑设计总平面图上各建筑物、构筑物、道路及各种管线的布设情况，结合现场的地形情况拟定。设计时，应遵循以下原则：主轴线应尽量布设在建筑区中央，并与主要建筑物轴线平行，其长度应控制整个建筑区。纵横格网边应严格相互垂直。正方形格网的边长一般为 $100\sim200$ m，矩形方格网的边长可视建筑物的大小和分布而定，格网的各边应保证通视、便于测距和测角，桩标应能长期保存。图 8-12 中 CPD 和 MPN 即为按上述原则布置的建筑方格网主轴线。

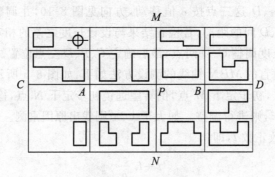

图 8-12　建筑方格网

布置时应先选定方格网主轴线，再布置方格网。其布设形式多为正方形或矩形。当场区面积较大时，常分两级布设。首级可采用"十"字形、"口"字形或"田"字形，然后再加密方格网。当场区面积不大时，尽量布置成全面方格网。

3）建筑方格网施测

建筑方格网主轴线点 C、P、D 及 M、N 的测设方法同建筑基线测设方法，但是角度限差为 $\pm 10''$，边长相对误差不大于 1/40000。主轴线测设好后，分别在各主点上安置经纬仪，均以 O 点为后视方向，向左、向右精确地测设出 $90°$ 方向线，即形成"田"字形方格网。然后在各交点上安置经纬仪，进行角度测量，看其是否为 $90°$，并测量各相邻点间的距离，看其是否等于设计边长，进行检核，其误差均应在允许范围内。最后再以基本方格网点为基础，加密方格网中其余各点，完成第一级场区控制网的布设。

5. 建筑场地高程控制测量

1）施工场地高程控制网要求

建筑场地的高程控制测量就是在整个场区建立可靠的水准点，形成与国家高程控制系统相联系的水准网。水准点的密度其在点位分布和密度方面应完全满足施工时的需要，尽可能安置一次仪器可测设所需要的高程点。

场区水准网一般布设成两级，首级网作为整个场地的高程基本控制，所布设水准点称为基本水准点，二级网为根据各施工阶段放样需要而布设的加密网，所布设水准点称为施工水准点。

2）施工场地高程控制网布网方式

首级网布设时，一般中小型建筑场地可按照四等水准测量要求进行，并埋设永久性标志；连续生产的厂房或下水管道等工程施工场地可局部采用三等水准测量要求进行施测，一般应布设成附合路线或是闭合环线网，在施工场区应布设不少于 3 个基本高程水准点；加密网可用图根水准测量或四等水准测量要求进行布设，其水准点应分布合理且具有足够的密度，以满足建筑施工中高程测设的需要。一般在施工场地上，平面控制点均应联测在高程控制网中，同时兼作高程控制点使用。

在施工期间，要求在建筑物近旁的不同高度上都必须布设施工水准点，其密度应保证放样时只设一个测站，便可将高程传递到建筑物的施工层面上。场地上的水准点应布设在土质坚硬、不受施工干扰且便于长期使用的地方。施工场地上相邻水准点的间距，应小于 1 km。各水准点距离建筑物、构筑物不应小于 25 m；距离基坑回填边线不应小于 15 m，以保证各水准点的稳定，方便进行高程放样工作。

为了施工高程引测的方便，可在建筑场地内每隔一段距离（如 50 m）测设以建筑物底层室内地坪 ± 0.000 为标高的水准点，测设时应注意，不同建（构）筑物设计的 ± 0.000 不一定是相同的高程，因而必须按施工建筑物设计数据具体测设。另外，在施工中，若某些水准点标桩不能长期保存时，应将其引测到附近的建（构）筑物上，引测的精度不得低于原有水准测量的等级要求。

项 目 9

民用建筑施工测量

任务 1 准备工作

民用建筑指的是住宅、办公楼、食堂、俱乐部、医院和学校等建筑物。施工测量的任务是建筑物的定位和放线、基础工程施工测量、墙体工程施工测量。施工测量之前，除了应对所使用的测量仪器和工具进行检校外，尚需做好以下准备工作。

1. 熟悉设计图纸

1）建筑总平面图

设计图纸是施工测量的主要依据，与施工放样有关的图纸主要有建筑总平面图、建筑平面图、基础平面图和基础剖面图。作为测设建筑物总体定位的依据，建筑总平面图上可以提供拟建建筑物与原有建筑物的平面位置和高程的关系，如图 9-1 所示。

2）建筑平面图

如图 9-2 所示，从建筑平面图中，可以查取该建筑物的总尺寸，以及内部各定位轴线之间的关系尺寸，这些数据是施工测设中的必备数据，应确保准确。

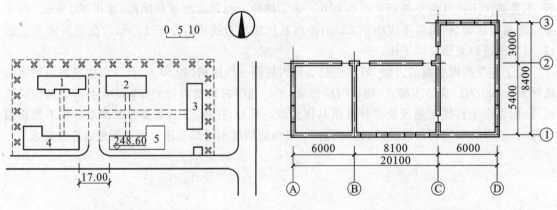

图 9-1　建筑物总平面图　　　　　　　　　图 9-2　建筑物平面图

3）基础平面图和基础详图

如图 9-3 所示，从基础平面图可以查到基础边线与定位轴的平面尺寸，为基础轴线测设提供数据。从基础剖面图（见图 9-4）中可以查取基础立面尺寸和设计标高，为基础高程测设提供数据。

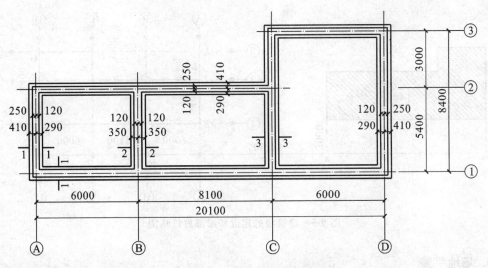

图 9-3　建筑物基础平面图

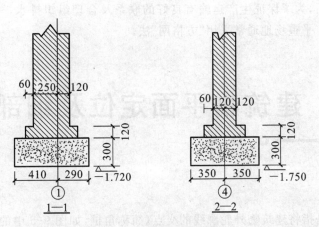

图 9-4　建筑物基础剖面图

4) 建筑物立面图和剖面图

从建筑物的立面图和剖面图中,可以查取基础、地坪、门窗、楼板、屋架和屋面等设计高程,便于该施工中的高程测设。

2. 现场踏勘、校核平面控制点和水准点

现场踏勘的目的是了解现场的地物、地貌和原有测量控制点的分布情况,并调查与施工测量有关的问题。检核建筑场地上的平面控制点、水准点是否正确。

3. 制定测设方案、准备测设数据

根据设计要求和施工进度计划,结合现场地形和控制网布置情况,确定建筑物测设方案。从建筑总平面图、建筑物平面图、基础平面图及详图中获取相关测设数据,并绘制建筑物定位及细部测设略图,如图 9-5 所示。测设略图上标注拟建建筑物的定位轴线间的尺寸和定位轴线控制桩。

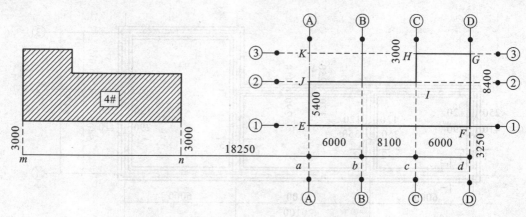

图 9-5　建筑物的定位和细部放样略图

4. 场地平整

施工场地确定后，为了保证生产运输有良好的联系及合理组织排水，一般要对场地的自然地形加以平整改造。平整场地通常采用"方格网"法。

任务 2　建筑物平面定位及细部轴线测设

1. 建筑物定位

民用建筑定位是指将建筑物外轮廓线的交点(简称角桩，如图 9-5 中的 E、F、G、K 等点)测设在施工场地上。它是进行建筑物基础测设和细部放线的依据。其方法主要有根据与现有建筑的关系定位、根据建筑红线定位、根据已知控制点定位、根据施工控制网定位等几种。根据建筑红线定位、根据已知控制点定位两方法与建筑基线的确定方法基本相同，此处不再介绍。

1) 根据与现有建筑的关系定位

如图 9-5 所示，拟建的 5 号楼依据原有 4 号楼关系定位。首先沿 4 号楼的东西墙面向外各量出 3.00 m，在地面上定出 m、n 两点作为建筑基线，在 m 点安置经纬仪，照准 n 点，然后沿视线方向，从 n 点起根据图中注明尺寸，测设出各基线点 a、c、d，并打下木桩，桩顶钉小钉以表示点位。然后，在 a、c、d 三点分别安置经纬仪，并用正倒镜测设 90°，沿 90°方向测设相应的距离，以定出房屋各轴线的交点 E、F、G、H、I、J 等，并打木桩，桩顶钉小钉以表示点位。最后，用钢尺检测各轴线交点间的距离，其值与设计长度的相对误差不应超过 1/5000～1/3000，并且将经纬仪安置在 E、F、G、K 四角点，检测各个直角，其角值与 90°之差不应超过±40″。

2) 根据施工控制网定位

如图 9-6 所示，以建筑方格网为例，拟建建筑物 $PQRS$ 的施工场地上布设有建筑方格网，依据图纸设计好测设草图，然后在方格控制网点 E、F 上各建立站点，用直角坐标法进行测设，完成

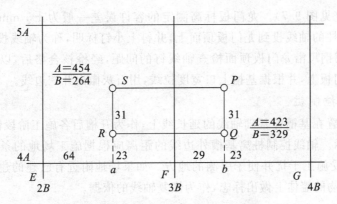

图 9-6　根据建筑方格网定位建筑物

建筑物的定位。测设好后,必须进行校核,要求测设精度:距离相对误差小于 1/3000;与 90°的偏差不超过 ±30″。

2. 建筑物细部轴线测设

完成建筑物的定位之后,即可依据定位桩来测设建筑物的其他各轴线交点的位置,并在测设位置打木桩(桩上中心处钉小钉),这种桩称为中心桩。当各细部放线点测设好后,按基础宽和放坡宽用白灰撒出基槽开挖边界线。

由于基槽开挖后,定位的轴线角桩和中心桩将被挖掉,为了便于在后期施工中恢复建筑中心轴线位置,必须在基坑开挖前将各轴线桩点引测到基槽外的安全地方,并作好相应标志,主要方法有设置龙门桩和龙门板、引测轴线控制桩。

1) 龙门板、龙门桩的设置

民用建筑中有些特殊部位施工精度要求较高时,为了施工的方便,在基槽外局部范围内设置龙门板。如图 9-7 所示,设置龙门板的步骤如下。

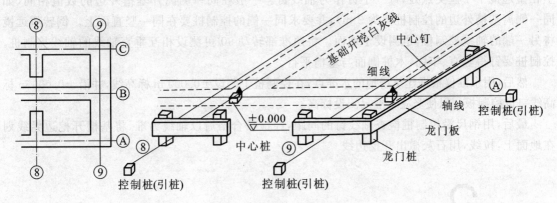

图 9-7　龙门板、龙门桩的设置

首先,在建筑物四角和隔墙两端基槽开挖边线以外的 1.5～2 m 处(根据土质情况和挖槽深度确定)钉设龙门板,龙门桩要钉得竖直、牢固,木桩侧面与基槽平行。然后,根据建筑场地的水准点,在每个龙门桩上测设 ±0.000 m 标高线,在现场条件不许可时,也可测设比 ±0.000 m 高或低一定数值的线。其次,在龙门桩上测设同一高程线,钉设龙门板,这样,龙门板的顶面标高就在一个水平面上(见图9-7)。龙门板标高测定的容许误差一般为±5 mm。再次,根据轴线桩,用经纬仪将墙、柱的轴线投到龙门板顶面上,并钉上小钉标明,称为轴线投点,投点容许误差为±5 mm。最后用钢尺沿龙门板顶面检查轴线钉的间距,经检核合格后,以轴线钉为准,将墙宽、基槽宽划在龙门板上,并根据基槽上口宽度拉线,用石灰撒出开挖边线。

2)引测轴线控制桩

轴线控制桩设置在基槽外基础轴线的延长线上,作为开槽后各施工阶段恢复各轴线位置的依据,如图9-8所示。轴线控制桩离基槽外边线的距离应根据施工场地的条件而定,一般离基槽外边2~4 m不受施工干扰并便于引测的地方。如果场地附近有已建的建筑物或围墙,也可将轴线投设在建筑物的墙体上做出标志,作为恢复轴线的依据。

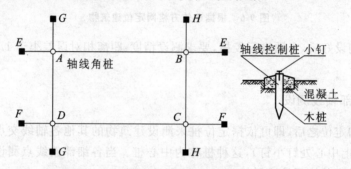

图9-8 引测轴线控制桩

为了保证控制桩的精度,施工中将控制桩与定位桩一起测设,精度要求高时应先测设控制桩,再测设定位桩;如精度要求一般也可以先测设定位桩,再测设控制桩。

测设步骤如下。

首先,将经纬仪安置在轴线交点处,对中整平,将望远镜十字丝——纵丝照准地面上的轴线,再抬高望远镜把轴线延长到离基槽外边(测设方案)规定的数值上,钉设轴线控制桩,并在桩上在望远镜十字丝交点处,钉一小钉作为轴线钉。一般在同一侧离开基槽外边的数值相同(如同一侧离基槽外边的控制桩都为3 m),并要求同一侧的控制桩要在同一竖直面上。倒转望远镜将另一端的轴线控制桩,也测设于地面。将照准部转动90°可测设相互垂直轴线的轴线控制桩。控制桩要钉得竖直、牢固,木桩侧面与基槽平行。

然后,用水准仪根据建筑场地的水准点,在控制桩上测设±0.000 m标高线,并沿±0.000 m标高线钉设控制板。以便竖立水准尺测设标高。

最后,用钢尺沿控制桩检查轴线钉的间距,经检核合格后以轴线为准,将基槽开挖边界线划在地面上,拉线,用石灰撒出开挖边线。

任务 3 建筑物基础施工测量

建筑物基础施工测量主要是控制基坑(槽)宽度、坑底和垫层的高程等。

1. 控制基槽开挖深度

建筑物轴线放样完毕后，按照基础平面图上的设计尺寸，在地面放出灰线进行开挖。为了控制基槽开挖深度，当基槽开挖接近设计基底标高时，用水准仪根据地面上±0.000 m标高线在槽壁上测设一些水平桩，其标高比设计槽底提高0.500 m，一般在槽壁上自拐角处，每隔3～4 m测设一水平桩。用以控制挖槽深度、修平槽底、打垫层、绑扎钢筋、支模板等依据。

如图9-9所示，槽底设计标高为−1.700 m，现要求测设出比槽底设计标高高0.500 m的水平桩，首先安置好水准仪，立水准尺于龙门板顶面（或±0.000的标志桩上），读取后视读数 a 为0.546 m，则可求得测设水平桩的前视读数 b 为1.746 m。然后将尺立于基槽壁并上下移动，直至水准仪视线读数为1.746 m时，即可沿尺底部在基槽壁上打小木桩，同法施测其他水平桩，完成基槽抄平工作。水平桩测设的允许误差为±10 mm。清槽后，即可依据水平桩在槽底测设出顶面高程恰为垫层设计标高的木桩，用以控制垫层的施工高度。

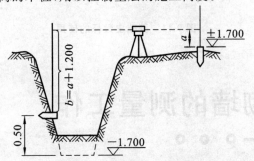

图 9-9　设置基坑水平桩

2. 在垫层上投测基础墙中心线

基础垫层打好后，可根据龙门板上的轴线钉或轴线控制桩，用经纬仪或拉绳挂垂球的方法，把轴线投测到垫层上，如图9-10所示。然后用墨线弹出墙中心线和基础边线（俗称撂底），以作为砌筑基础的依据。基础的砌筑在施工前务必严格校核后方可进行。

3. 基础墙体标高控制和检查

房屋基础墙（±0.000以下部分）的高度是用皮数杆来控制的。基础皮数杆是一根木（或铝合金）制的直杆，如图9-11所示，事先在杆上按照设计尺寸，将砖、灰缝厚度画出线条，并标明±0.000和防潮层等的位置。设立皮数杆时，先在立杆处打木桩，并在木桩侧面定出一条高于垫层标高某一数值的水平线，然后将皮数杆上高度与其相同的水平线与其对齐，且将皮数杆与木桩钉在一起，作为基础墙高度施工的依据。

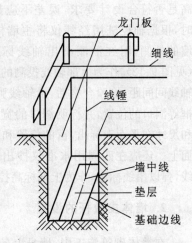

图 9-10　垫层上投测基础中心线

基础施工完成后，应检查基础面的标高是否符合设计要求（也可检查防潮层）。一般用水准仪测出基础面上若干点的高程与设计高程相比较，允许误差为±10 mm。

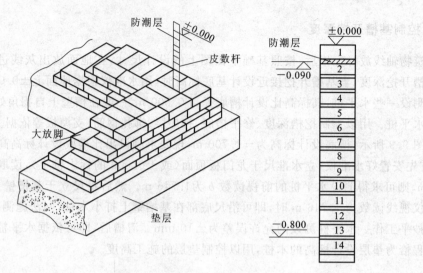

图 9-11 基础皮数杆的使用

任务 4 砌墙的测量工作

1. 墙体定位

基础施工结束后,用水准仪检查基础顶面的标高是否符合设计要求,误差不应超过 ± 10 mm。同时,根据轴控桩用经纬仪将主墙体的轴线投到基础墙的外侧,用红油漆画出轴线标志,写出轴线编号(见图 9-12),作为上部轴线投测的依据。拉钢尺检查轴线间间距,检验合格后,沿轴线弹出墙宽和门框、窗框等洞口的位置,并标明洞口的宽高尺寸。门的位置和尺寸在平面上标出,窗的位置和尺寸则标在墙的侧面上。还应在四周用水准仪抄出(-0.1 m)的标高线,弹以墨线标志,作为上部标高控制的依据。

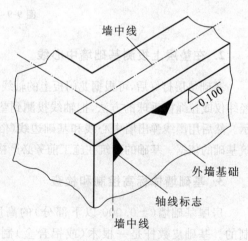

图 9-12 基础侧面轴线标志

2. 墙体皮数杆的设置

在墙体砌筑施工中,墙身上各部位的标高通常是用皮数杆来控制和传递的。

皮数杆是根据建筑物剖面图画有每块砖和灰缝的厚度,并注明墙体上窗台、门窗洞口、过梁、雨篷、圈梁、楼板等构件标高的位置,如图 9-13 所示。在墙体施工中,用皮数杆控制墙身各部位构件标高的准确位置,并保证每皮砖灰缝厚度均匀,每皮砖都处在同一水平面上。皮数杆一般都立在建筑物拐角和隔墙处。

竖立皮数杆时,先在地面上打一木桩,用水准仪测设出木桩上的±0.000标高位置,并画一横线作为标志;然后,把皮数杆上的±0.000线与木桩上±0.000线对齐,钉牢。皮数杆钉好后要用水准仪进行检测,并用垂球来校正皮数杆的垂直。为了施工方便,采用里脚手架砌砖时,皮数杆应立在墙外侧,如采用外脚手架时,皮数杆应立在墙内侧;如系框架或钢筋混凝土柱间砌块的填充墙时,每层皮数可直接画在框架柱上。

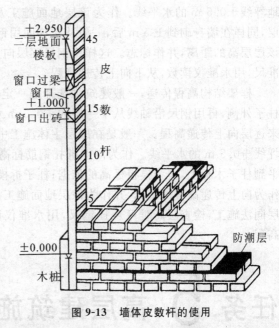

图 9-13　墙体皮数杆的使用

3. 墙体 50 线的标定

当墙体砌筑到 1.5 m 时,应在墙体上测设出高于室内地坪线 0.500 m 的标高线,用来控制层高,并作为设置门、窗、过梁高度的依据;同时也是进行室内装饰施工时控制地面标高、墙裙、踢脚线、窗台等的依据。在楼板施工时,还应在墙体上测设出比楼板底标高低 10 cm 的标高线,以作为吊装楼板(或现浇楼板)板面平整及楼板板底抹面施工找平的依据,同时在抹好找平层的墙顶面上弹出墙的中心线及楼板安装的位置线,以作为楼板吊装的依据。

楼板安装完毕后,应将底层轴线引测到上层楼面上,作为上层楼的墙体轴线。还应测设出控制墙体其他部位标高的标高线,以指导施工。

4. 建筑物的轴线投测和高程传递

1) 轴线投测

一般建筑在施工中,常用悬吊垂球法将轴线逐层向上投测。其作法是:将垂球悬吊在楼板或柱顶边缘,垂球尖对准基础侧面的定位轴线,在楼板或柱顶及侧面边缘画一短线作出标志;同样投测轴线另一端点,两端的连线即为定位轴线。同法投测其他轴线,再用钢尺校核各轴线间距,同法依次逐层向上投测。然后继续施工,并把轴线逐层自下向上传递。

为减少误差累积,保证工程质量,宜在三层时,将经纬仪安置在轴线控制桩上,望远镜瞄准基础侧面轴线,如图9-14所示,再抬高望远镜把轴线投测到楼板或柱子的侧面(盘左盘右取中法),以校核用垂球逐层传递的轴线位置是否正确,如有偏差在允许范围以经纬仪投测上去的轴线为准,再用悬吊垂球法向四层逐层传递轴线。

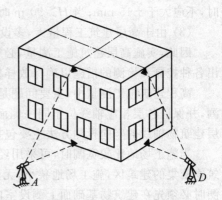

图 9-14　经纬仪投测中心轴线

2) 高程传递

一般建筑物可用皮数杆来传递高程。对于高程传递要求较高的建筑物,通常用钢尺直接丈量来传递高程。一般是在底层墙身砌筑到 1.5 m 高后,用水准仪在内墙面上测设一条高出室内地坪线＋0.5 m的水平线。作为该层地面施工及室内装修时的标高控制线。对于二层以上各层,同样在墙身砌到1.5 m后,一般从楼梯间用钢尺从下层的＋0.5 m标高线向上量取一段等于该层层高的距离,并作标志。这样用钢尺逐层向上引测。根据具体情况也可用悬挂钢尺代替水准尺,用水准仪读数,从下向上传递高程。

框架结构高程传递,一般建筑物选择隔一定柱距的柱子外侧,用悬吊垂球法将轴线投测在柱子外侧,再用钢尺沿轴线从下一层的＋0.5 m水平线,量一层层高至上一层的＋0.5 m水平线来逐层向上传递高程。一般是在底层主体施工中,用水准仪在柱子钢筋上测设一条高出室内地坪线＋0.5 m的水平线。作为向上绑扎钢筋标高的依据;支模板时还应将＋0.5 m的水平线抄平到柱子木板上,作为模板标高的依据;柱子拆模板后再次将＋0.5 m水平线抄平到柱子侧面,作为向上传递高程的依据,并作为该层地面施工及室内装修时的标高控制线。对于二层以上各层同法施工,检查层高时可悬挂钢尺,用水准仪读数一层＋0.5 m水平线,从下向上传递检查高程。

任务 5 高层建筑施工测量

1. 高层建筑的特点

(1) 高层建筑物的特点是建筑物层数多、高度高,建筑结构复杂,设备和装修标准较高。

(2) 在施工过程中对建筑物各部位的水平位置、垂直度及轴线尺寸、标高等的精度要求都十分严格。例如,层间标高测量偏差和竖向测量偏差均不应超过±5 mm,建筑全高(H)测量偏差和竖向偏差也不超过$2H/10000$,且30 m<H≤60 m时,不应大于±10 mm;当60 m<H≤90 m时,不应大于±15 mm;当H>90 m时,不应大于±20 mm。

(3) 由于高层建筑工程量大,多设地下工程,又多为分期施工,且工期长,施工现场变化大。

因此,实施高层建筑施工测量,必须仔细地制定测量方案,选用精度较高的测量仪器,并拟出各种控制和检测的措施以确保放样精度。

高程建筑施工测量中,主要问题是控制垂直度,就是将建筑物的基础轴线准确地向高层引测,并保证各层相应轴线位于同一侧面内,控制竖向偏差,使轴线向上投测的偏差值不超限。高层建筑物轴线的竖向投测方法主要包括外控法和内控法两种。

当施工场地比较宽阔时,可采用经纬仪引桩投测法(又称外控法)进行轴线的投测;当在建筑物密集的建筑区,施工场地狭小,无法在建筑物轴线以外位置安置仪器时,多采用内控法。施测时必须先在建筑物基础面上测设室内轴线控制点。

2. 外控法

外控法是在建筑物外部,利用经纬仪,根据建筑物轴线控制桩来进行轴线的竖向投测,亦称作"经纬仪引桩投测法"。其具体操作步骤如下。

1) 在建筑物底部投测中心轴线位置

高层建筑的基础工程完工后,将经纬仪安置在轴线控制桩A_1、A'_1、B_1和B'_1上,把建筑物主轴线精确地投测到建筑物的底部,并设立标志,如图 9-15(a)中的 a_1、a'_1、b_1 和 b'_1,以供下一步施工与向上投测之用。

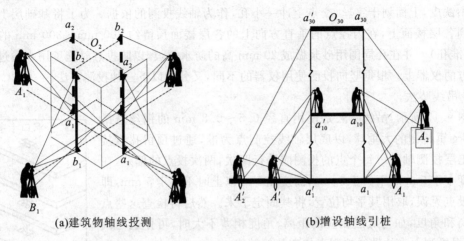

$$(a)建筑物轴线投测 \qquad (b)增设轴线引桩$$

图 9-15　外控法

2）向上投测中心线

随着建筑物不断升高,要逐层将轴线向上传递。将经纬仪安置在中心轴线控制桩 A_1、A'_1、B_1 和 B'_1 上,严格整平仪器,用望远镜瞄准建筑物底部已标出的 a_1、a'_1、b_1 和 b'_1 点。用盘左和盘右分别向上投测到每层楼板上,并取其中点作为该层中心轴线的投影点。

3）增设轴线引桩

当楼房逐渐增高,而轴线控制桩距建筑物又较近时,望远镜的仰角较大,操作不便,投测精度也会降低。将原中心轴线控制桩引测到更远的安全地方,或者附近大楼的屋面。将经纬仪安置在已经投测上去的较高层(如第十层)楼面轴线 a_{10}、a'_{10} 上。瞄准地面上原有的轴线控制桩 A_1 和 A'_1 点,用盘左、盘右分中投点法,将轴线延长到远处 A_2 和 A'_2 点,并用标志固定其位置,A_2、A'_2 即为新投测的 A_1、A'_1 轴控制桩,如图 9-15(b)所示。

3. 内控法

内投法的优点是不受施工场地限制,不受刮风下雨的影响。施测时先在建筑物底层测设室内轴线控制点,建立室内轴线控制网。用垂准线原理将其轴线点垂直投测到各层楼面上,作为各层轴线测设的依据。故此法也称为垂准线投测法,如图 9-16 所示。

室内轴线控制点的布置依建筑物的平面形状而定,对一般平面形状不复杂的建筑物,可布设成"L"形或矩形控制网。内控点应设在房屋拐角柱子旁边,其连线与柱子设计轴线平行,相距 0.5～0.8 m。内控点应选择在能

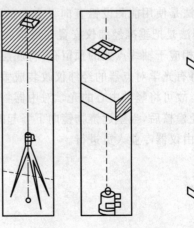
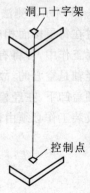

洞口十字架

控制点

图 9-16　内控法

保持通视(不受构架梁等的影响)和水平通视(不受柱子等的影响)的位置。

当基础工程完成后,先根据建筑物施工控制网点,校测建筑轴线控制桩的桩位,看其是否移位变动,若无变化,依据轴线控制桩点,将轴线内控点测设到基础平面上,并埋设标志,一般是预埋一块小铁皮,上面划十字丝,交点上冲一小孔,作为轴线投测的依据。为了将基础层上的轴线点投测到各层楼面上,在内控点的垂直方向上的各层楼面预留约 300 mm×300 mm 的传递孔(也叫垂准孔)。并在孔周围用砂浆做成 20 mm 高的防水斜坡,以防投点时施工用水通过此孔流落到下方的仪器上。根据竖向投测使用仪器的不同,又分为以下三种投测方法。

(1)吊线坠法。

如图 9-17 所示,吊线坠法是使用直径 0.5~0.8 mm 的钢丝悬吊10~20 kg 重特制的大垂球,以底层轴线控制点为准,通过预留孔直接向各施工层投测轴线。每个点的投测应进行两次,两次投点的偏差,在投点高度小于 5 m 时不大于 3 mm,高度在 5 m 以上时不大于 5 mm,即可认为投点无误,取用其平均位置,将其固定下来。然后再检查这些点间的距离和角度,如与底层相应的距离、角度相差不大时,可作适当调整,并根据投测上来的轴线控制点加密其他轴线。

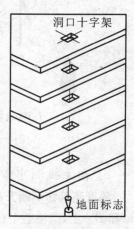

图 9-17 吊线坠法

(2)天顶垂直法。

天顶垂直法是使用激光铅垂仪、激光经纬仪和配有目镜有 90°弯管的经纬仪等垂直向上测设的仪器,进行竖向逐层传递轴线。

如图 9-16 所示,用激光铅垂仪或激光经纬仪进行竖向投测是将仪器安置在底层轴线控制点上,进行严格整平和对中(用激光经纬仪需将望远镜指向天顶,竖直读盘读数为 0°或 180°)。在施工层预留孔中央放置专用的透明方尺,移动方尺将激光点投测到方尺刻度中心,既投测的二层轴线控制点,其他内控点同法投测。精度要求较高时,安经纬仪于该点上照准另外一个轴线内控点,在二层建立轴线控制网;精度要求一般时,也可在两控制点间拉钢尺(或拉线绳),在二层建立轴线控制网。再有就是二层控制网恢复二层轴线。

(3)天底垂直法。

天底垂直法是使用能测设铅直向下方向的垂准仪器,进行竖向投测,如图9-18 所示。测法是把垂准经纬仪安置在浇筑后的施工层上,用天底准直法,通过在每层楼面相应于轴线点处的预留孔,将底层轴线点引测到施工层上。在实际工作中,可将有光学对点器的经纬仪改装成垂准仪。有光学对点器的经纬仪竖轴是空心的,故可将竖轴中心的光学对中器物镜和转向棱镜以及支架中心的圆盖卸下,在经检核后,当望远镜物镜向下竖起时,即可测出天底垂直方向。但改装工作必须由仪器专业人员进行。

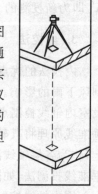

图 9-18 天底垂直

工业建筑施工测量

任务 1　工业建筑施工测量主要工作

工业建筑主要指工业企业的生产性建筑，以生产厂房为主体，包括运输设施、动力设施、仓库等。一般厂房多是金属结构及装配式钢筋混凝土结构单层厂房。其施工测量的工作内容与民用建筑大致相似，主要包括以下几部分。

(1) 厂房矩形控制网测设。对于一般中、小型工业厂房，在其基础的开挖线以外约 4 m，测设一个与厂房轴线平行的矩形控制网，即可满足放样要求。对于大型厂房或设备基础复杂的厂房，为了使厂房个部分精度一致，须先测设主轴线，然后根据主轴线测设矩形控制网。对于小型厂房，可采用民用建筑定位的方法测设矩形控制网。厂房矩形控制网的放样方案，是根据厂区平面图、厂区控制网和现场地形情况等资料制定的。

(2) 柱列轴线放样。

(3) 杯形基础施工测量。

(4) 构件与设备的安装测量等。

任务 2　厂房控制网的测设

1. 编制厂房矩形控制网测设方案

工业建筑同民用建筑一样在施工测量之前，首先必须做好测设前的准备工作，如熟悉设计图纸、现场踏勘等，然后结合施工进度计划，制定出测设方案，并绘制测设草图。

厂房矩形控制网的放样方案，是根据厂区平面图、厂区控制网和现场地形情况等资料制定的。在确定主轴线点及矩形控制网的位置时，必须保证控制点能长期保存，且要避开地上和地下管线，并与建筑物基础开挖边线保持 1.5～4 m 的距离。距离指示桩的间距一般等于柱子间距的整数倍，但应不超过所用钢尺的长度。如图 10-1 所示为某工业建筑厂区平面图及厂区方格网。为进行厂区内合成车间的施工，可布设如图 10-2 所示的厂房矩形控制网 P、Q、R、S 的测设草图，其四个角点的设计位置距离厂房轴线向外 4 m，由此可计算出四个控制点的设计坐标，并计算出各点测设数据且标注于测设草图 10-2 上。

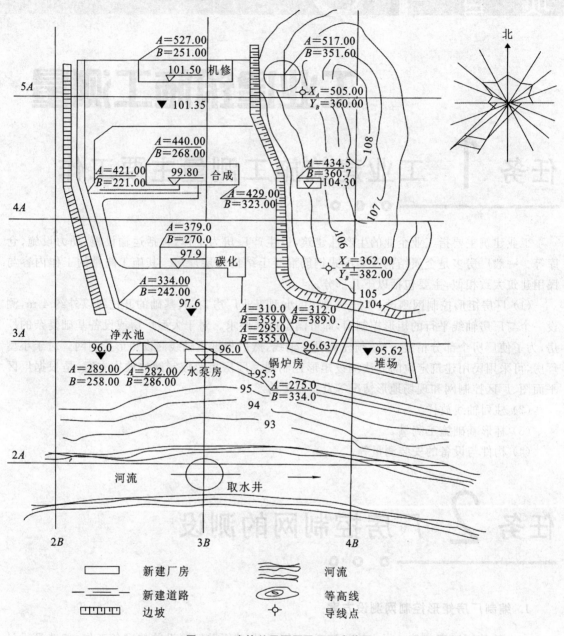

图 10-1　建筑总平面图及厂区方格网

2. 单一厂房矩形控制网的测设

厂房矩形控制网时为了厂房放样布设的专用平面控制网。布设时,应使矩形网的轴线平行于厂房的外墙轴线(两种轴线间距一般取 4 m 或 6 m),并根据厂房外墙轴线交点的施工坐标和两种轴线的间距,给出矩形控制网角点的施工坐标。根据矩形控制网的四个角点的施工坐标和地面建筑方格网,利用直角坐标法即可将控制网的 4 个角桩在地面上直接标定出来。

如图 10-2 所示，P、Q、R、S 是布设在基坑开挖边线以外 4 m 的厂房矩形控制网的四个角桩，控制网的边与厂房轴线相平行。根据放样数据，从建筑方格网的 $(4A, 2B)$ 点起，按照测设已知水平距离的方法，在方格轴线上定出 E 点，使其与方格点的距离为 64.00 m，然后将经纬仪安置在 E 点，后视方格点 $(4A, 2B)$，按照测设已知水平角度的方法，测设出直角方向边，并在此方向上按照测设已知水平距离的方法，定出 P 点，使其与 E 点的距离为 25.00 m，继续在此方向上定出 Q 点，使 Q 点与 P 点的距离为 19.00 m，在地面用大木桩标定；同法测设出 R、S 点，完成厂房控制网的测设。最后校核，先实测 $\angle P$ 和 $\angle S$，其与 90° 的差不应超过 ±10″；精密测量 PS 的距离，其相对误差不应超过 1/20000～1/10000（中型厂房应不超过 1/20000，角度偏差不应超过 ±7″）。

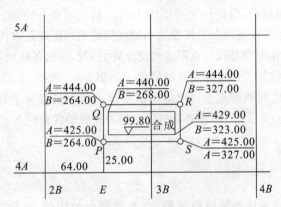

图 10-2　合成车间矩形控制网测设草图

厂房控制网的角桩测设好后，即可测设各矩形边上的距离指示桩，均应打上木桩，并用小钉表示出桩的中心位置。测设距离指标桩的容许偏差一般为 ±5 mm。

3. 大型工业厂房矩形控制网的测设

对于大型或设备基础复杂的厂房，由于施测精度要求较高，为了保证后期测设的精度，其矩形厂房控制网的建立一般分两步进行。应先依据厂区建筑方格网精确测设出厂房控制网的主、辅轴线，当校核达到精度要求后，再根据主轴线测设厂房矩形控制网，并测设各边上的距离指标桩，一般距离指标桩位于厂房柱列轴线或主要设备中心线方向上。最终应检核，大型厂房的主轴线的测设精度，边长的相对误差不应超过 1/30000，角度偏差不应超过 ±5″。

4. 厂房改建或扩建时的控制测量

旧厂房进行改建或扩建前，如原有厂房施工时的控制点保存完好，需将其与已有的吊车轨道及主要设备中心线联测，将实测结果提交设计部门。经检校精度满足要求，原有控制点可作为扩建与改建时进行控制测量的依据。

若原厂房控制点已不存在，应按下列不同情况，恢复厂房控制网。

（1）厂房内有吊车轨道时，应以原有吊车轨道的中心线为依据。

（2）扩建与改建的厂房内的主要设备与原有设备有联动或衔接关系时，应以原有设备中心线为依据。

（3）厂房内无重要设备及吊车轨道，以原有厂房柱子中心线为依据。

任务 **3** 厂房柱列轴线与柱基础施工测量

1. 厂房柱列轴线测设

厂房矩形控制网测设好后,根据厂房平面图上给出的柱间距和跨距,沿厂房矩形控制网的四边用钢尺精确用钢尺沿矩形控制网各边按照柱列轴线间距或跨距逐段放样出厂房外轮廓轴线端点及各柱列轴线端点(即各柱子中心线与矩形边的交点)的位置,排出各柱列轴线控制点的位置,并以木桩小钉标志,作为柱基础施工和构件安装的依据。如图 10-3 所示,A、C、1、6 点即为外轮廓轴线端点;B、2、3、4、5 点即为柱列轴线端点。然后用两台经纬仪分别安置于外轮廓轴线端点(如 A、1点)上,分别后视对应端点(A、1 点)即可交会出厂房的外轮廓轴线角桩点 E、F、G、H。

2. 柱基定位和放线

1)柱基定位

分别在两条互相垂直的柱列轴线控制桩上,安置两台经纬仪,沿轴线方向交会出各柱基的位置(即柱列轴线之间的交点)。在每个柱基的四周轴线上,打入定位小木桩 a、b、c、d,钉上小钉标示柱轴线的中心线,如图 10-3 所示,确保其桩位在基础开挖线以外,比基础深度大 1.5 倍的地方。定位小木桩可作为后期修坑、立模的依据。此项工作称为柱基定位。

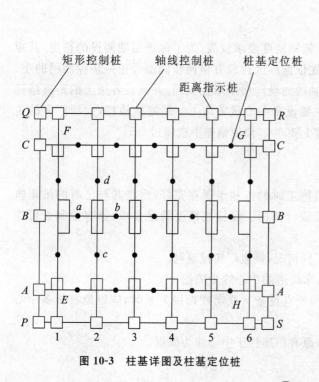

图 10-3 柱基详图及柱基定位桩

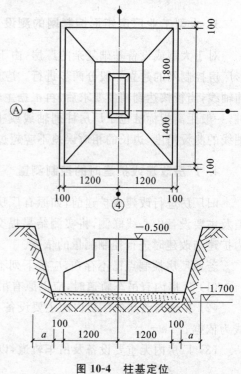

图 10-4 柱基定位

2）桩基放线

按照基础详图（见图10-4）所注尺寸以及基坑放坡宽度 a，在桩上拉细线绳，并用特制的"T"形尺（见图10-5），进行柱基及开挖边线的放线，用灰线标示出基坑开挖边线的实地位置，以便开挖。

在进行柱基测设时，应注意有时柱列轴线不一定是柱基的中心线，而一般立模、吊装习惯利用中心线。若需用中心线可将柱列轴线平移，标注中心线位置。

3. 柱基施工测量

1）水平与垫层控制桩的测设

当基坑将要挖到底时，应在坑的四壁上测设上层面距坑底为 0.3～0.5 m 的水平控制桩，作为清底依据，其标高容许误差为±5 mm，如图10-6所示。清底后，尚需在坑底测设垫层控制桩，使桩顶的标高恰好等于垫层顶面的设计标高，作为打垫层的标高依据，其标高容许误差为±5 mm。

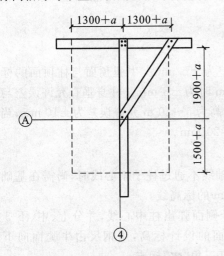

图 10-5　柱基及开挖边线的放线

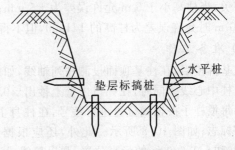

图 10-6　基坑水平桩

2）立模定位

垫层打好后，在桩基定位小木桩间拉线绳，用垂球把柱列轴线投设到垫层上弹以墨线，用红漆画出标记，放出基础中心线，作为柱基立模板和布置基础钢筋的依据。

立模时，将模板底部的定位线标志与垫层上相应的墨线对齐，并用吊垂球的方法检查模板的位置是否正确竖直。模板定位后，用水准仪在模板的内壁引测基础面的设计标高，并画线标明，作为浇筑混凝土的依据。在立杯底模板时，应注意使实际浇筑的杯底顶面比原设计的标高略低 3～5 cm，以便拆模后填高、修平杯底。

3）杯口投线及抄平

在柱基拆模之后，检核轴线控制桩、定位桩、高程点是否发生变动。如检查合格，根据矩形控制网轴线控制桩，用经纬仪正倒镜法投点，把中心线投测到在杯口顶面投测柱中心线，并绘"▼"标志标明，以备吊装柱子时使用（见图 10-7），基础中线对定位轴线的允许误差为±5 mm。

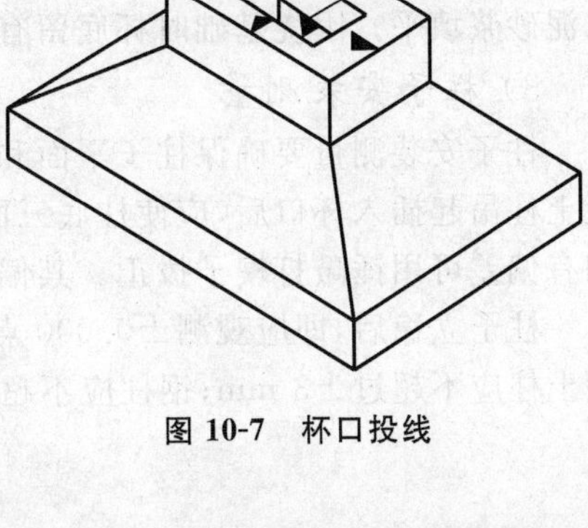

图 10-7　杯口投线

同时,为了修平杯底,须在杯口内壁测设某一标高线,用"▼"标志标明,其一般比杯形基础顶面略低 100 mm,且与杯底设计标高的距离为整分米数,以此来修平杯底。

任务 **4** 厂房预制构件安装测量

装配式单层厂房主要由柱子、梁、吊车轨道、屋架、天窗和屋面板等主要构件组成。一般工业厂房都采用预制构件在现场安装的方法进行施工,主要安装测量工作包括柱子安装测量、吊车梁安装测量及屋架安装测量。

1. 柱子安装测量

1) 基本要求

柱子中心线应与相应的柱列轴线一致,允许偏差为±5 mm。牛腿顶面与柱顶面的标高与设计标高一致,允许偏差为±5~8 mm,柱高大于 5 m 时为±8 mm。柱身垂直允许误差与柱子高度有关,当柱高小于 5 m 允许误差为±5 mm;当柱高为 5~10 m 允许误差为±10 mm;当柱高大于 10 m 时允许误差为柱高的 1/1000,但不得大于 20 mm。

2) 准备工作

柱基拆模后,在柱基顶面投测柱列轴线,如柱列轴线不通过柱子中心线时,尚需在基础顶面上弹出柱中心线。同时,在杯口内壁上抄出-0.600 m 的标高线。

将每根柱子按轴线位置进行编号,在柱身上 3 个侧面弹出柱中心线,并分上、中、下 3 点画出"▼"标志;如图 10-8 所示。此外,还应根据牛腿面的设计标高,用钢尺由牛腿面向下量出±0.000 和-0.600 m 的标高位置,弹以墨线或涂画红三角"▼"标志。

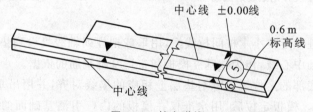

图 10-8 柱身弹线

分别量出杯口内某一标高线(±0.000 线或-0.600 m 线)至杯底四角高度,量出柱身上某一标高线至柱底四角长度,对两者进行比较,以此对杯底修整,高的地方凿去一些,低的地方用水泥砂浆填平。因浇基础时杯底留有 5 cm 的余量,很少会出现铲底找平的情况。

3) 柱子安装测量

柱子安装测量要确保柱子平面和高程符合设计要求,柱身铅直。方法如下:在预制钢筋混凝土柱吊起插入杯口后,应使柱底三面的中线与杯口中线对齐,并用硬木楔或钢楔作临时固定,如有偏差可用锤敲打楔子拨正。其偏差限值为±5 mm。

柱子立稳后,即应观测±0.000 点标高是否符合设计要求,其允许误差,一般的预制钢筋混凝土柱应不超过±3 mm;钢柱应不超过±2 mm。

2. 柱子垂直度测量

如图 10-9 所示,校正单根柱子时,可在相互垂直的两个柱中心线上且距柱子的距离不小于 1.5 倍柱高的地方分别安置经纬仪,先瞄准柱身中心线上的下"▼"标志,再仰起望远镜观测中、上"▼",若 3 点在同一视准面内,则柱子垂直,否则,应指挥施工人员用调节拉绳、支撑或敲打楔子等方法使柱子垂直。

垂直校正后,用杯口四周围的楔块将柱子故牢,并将上视点用正倒镜取中法投到柱下,量出上下视点的垂直偏差。标高在 5 m 以下时,允许偏差为 ±5 mm,检查合格后,即可在杯口处浇灌混凝土,将柱子最后固定。

当校正成排的柱子时,为了提高工作效率,可安置一次仪器校正多根柱子,如图 10-10 所示。这时可把两台经纬仪分别安置在纵、横轴线一侧,偏离中线不得大于 3 m,安置一次仪器即可校正几根柱子。但在这种情况下,柱子上的中心标点或中心墨线必须在同一平面上,否则仪器必须安置在中心线上。

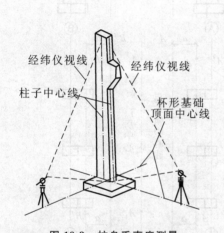

图 10-9 柱身垂直度测量

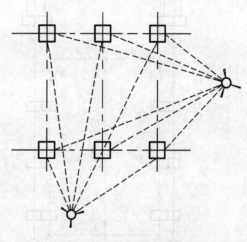

图 10-10 排柱垂直度测量

校正柱子时,应注意以下事项。

(1) 所用仪器必须严格检校。

(2) 校直过程中,尚需检查柱身中心线是否相对于杯口的柱中心线标志产生了过量的水平位移。

(3) 瞄准不在同一截面的中心线时,仪器必须安在轴线上。

(4) 柱子校正宜在阴天或早晚进行,以免柱子的阴、阳面产生温差使柱子弯曲而影响校直的质量。

3. 吊车梁安装测量

吊车梁的安装,其测量工作主要是测设吊车梁的中线位置和标高位置,以满足设计要求。

1) 吊车梁安装时的中线测设

在吊车梁的顶面上和其两端弹出吊车梁中心线,如图 10-11 所示,吊装时使吊车梁中心线与牛腿上中心线对齐。

图 10-11 吊车梁中心线

根据厂房矩形控制网或柱中心轴线端点,在地面上定出吊车梁中心线(亦即吊车轨道中心线)控制桩,然后用经纬仪将吊车梁中心线投测在每根柱子牛腿上,并弹以墨线,投点误差为±3 mm。方法如下。

如图 10-12 所示,投测时,可利用厂房中心线 A_1A_1,根据设计轨距在地面上标出吊车轨中心线 $A'A'$ 和 $B'B'$,然后分别在 $A'A'$ 和 $B'B'$ 上安置经纬仪,用正倒镜取中法将吊车轨中心线投到牛腿面上,并弹以墨线。

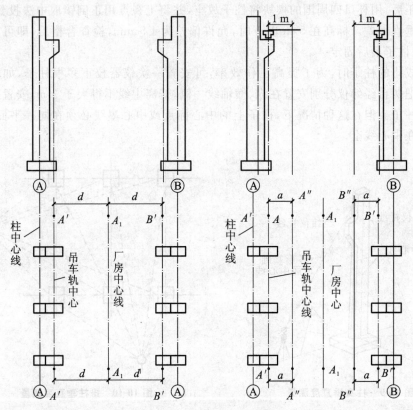

图 10-12　吊车梁的安装测量

安装时,将梁端的中心线与牛腿面上的中心线对正;用垂球线检查吊车梁的垂直度;从柱上修正后的±0.000 线向上量距,在柱子上抄出梁面的设计标高线;在梁下加铁垫板,调整梁的垂直度和梁的标高,使之符合设计要求。

安装完毕,应在吊车梁面上重新放出吊轨中心线。在地面上标定出和吊轨中心线距离为1 m 的平行轴线 $A''A''$ 和 $B''B''$,分别在 $A''A''$ 和 $B''B''$ 上安置经纬仪,在梁面上垂直于轴线的方向放一根木尺,使尺上 1 m 处的刻度位于望远镜的视准面内,在尺的零端划线,则此线即为吊轨中心线。经检验各画线点在一条直线上时,即可重新弹出吊车轨中心线。

2) 吊车梁安装时的标高测设

根据±0.000 标高线,沿柱子侧面向上量取一段距离,在柱身上定出牛腿面的设计标高点,作为修平牛腿面及加垫板的依据。同时在柱子的上端比梁顶面高 5～10 cm 处测设一标高点,据此修平梁顶面。梁顶面置平以后,应安置水准仪于吊车梁上,以柱子牛腿上测设的标高点为依据,检测梁面的标高是否符合设计要求,其容许误差应不超过±(3～5)mm。

4. 屋架的吊装测量

1）柱顶抄平测量

屋架是搁在柱顶上的,安装之前,必须根据各柱面上的±0.000 标高线,利用水准仪或钢尺,在各柱顶部测设相同高程数据的标高点,作为柱顶抄平的依据,以保证屋架安装平齐。

2）屋架定位测量

安装前,用经纬仪或全站仪在柱顶上测设出屋架的定位轴线,并在屋架两端弹出中心线,作为屋架定位的依据。屋架吊装就位时,应使屋架的中心线与柱顶上的定位线对准,其允许偏差为±5 mm。

3）屋架垂直控制测量

如图 10-13 所示,在厂房矩形控制网边线上的轴线控制桩上安置经纬仪,照准柱子上的中心线,固定照准部,然后将望远镜逐渐抬高,观测屋架的中心线是否在同一竖直面内,以此进行屋架的竖直校正。

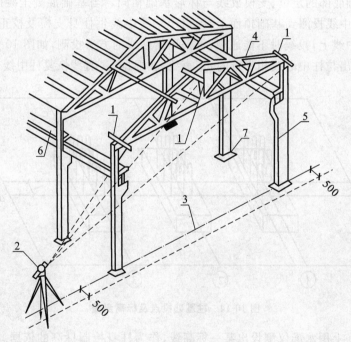

图 10-13 屋架垂直度测量

1—卡尺;2—经纬仪;3—定位轴线;4—屋架;5—柱;6—吊木架;7—基础

当观测屋架顶有困难时,也可在屋架上横放三把 1 m 长的小木尺进行观测,其中一把安放在屋架上弦中点附近,另外两把分别安放在屋架的两端,使木尺的零刻划线正对屋架的几何中心,然后在地面上距屋架中心线为 0.5 m 处安置经纬仪,观测三把尺子的 0.5 m 刻划是否都在仪器的竖丝上,以此即可判断屋架的垂直度。

也可用悬吊垂球的方法进行屋架垂直度的校正。屋架校至垂直后,即可将屋架用电焊固定。屋架安装的竖直容许误差为屋架高度的 1/250,但不得超过±15 mm。

任务 5 混凝土柱子基础及柱身、平台施工测量

混凝土柱子基础、柱身、平台称整体结构柱基础,它是指柱子与基础平台结为一整体。为了配合施工一般应进行以下施工测量工作。首先按基础中心线挖好基坑,安置基础模板,在基础与柱身钢筋绑扎后,浇灌基础混凝土至柱底,然后安置柱子(柱身)模板。其基础部分的测量工作与前面所述"柱基施工测量"相同。柱身部分的测量工作主要是校正柱子、模板中心线及柱身垂直度测量。由于是现浇现灌,测量精度要求相对较高。

1. 混凝土柱基础施工测量

混凝土柱基础底部的定位、支模放线与杯形基础相同。当基础混凝土凝固后,根据轴线控制桩或定位桩,将中线投测到基础顶面上,弹出十字线中线供柱身支模及校正使用。有时基础中的预留筋恰在中线上,投线时不能通视,可采用借助线的方法投测,如图 10-14 所示。将仪器侧移至 a 点,先测出与柱中心线相平行的 aa' 直线,在根据 aa' 直线恢复柱中线位置。

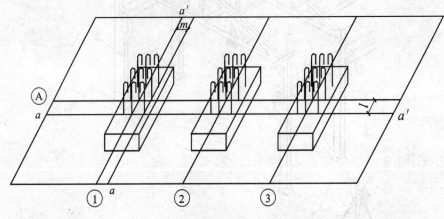

图 10-14　柱基础投点及标高测量

在基础预留筋上用水准仪测设出某一标高线,作为柱身控制标高的依据。每根柱除给出中线外,为便于支模,还应弹出柱的断面边线。

2. 柱身模板垂直度测量

柱身模板支好后,须检查模板的垂直度。一般采用经纬仪投线法或吊线法(见图 10-15)校正。

若现场通视困难,可采用平行线投点法来检查柱子的垂直度,并将柱身模板校正。其施测过程为:先在柱子模板上端根据外框量出柱子中心点,然后将其与柱身下端中心点相连,并在模板上弹出墨线(见图 10-16)。其次再根据柱中线控制桩 A、B 测设 AB 的平行线 $A'B'$,其间距一般为 $1\sim1.5$ m。将仪器安置于 B',照准 A' 并在柱上由一人水平横放木尺,使其零点对正模板中

心线,纵转望远镜仰视木尺,若十字丝正好对准 1 m 或 1.5 m 处,则柱子模板垂直,否则应将模板向左或向右移动,直至十字丝正好对准 1 m 或 1.5 m 处为止。

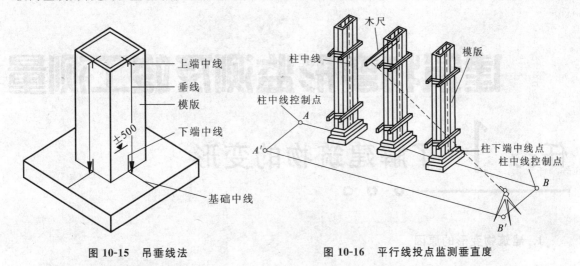

图 10-15　吊垂线法　　　　　图 10-16　平行线投点监测垂直度

3. 模板标高抄测

柱身模板垂直度校正好后,在模板的外侧测设一标高线,作为测量柱顶标高、安装铁件和牛腿支模等各种标高的依据。标高线一般比地面高 0.5 m,每根柱不少于 2 点,点位要选择便于量尺、不易移动即标记明显的位置上,并注明标高数值。

4. 柱拆模后的轴线投测和标高测定

柱拆模后,要把中线和标高抄测在柱表面上,供下一步砌筑、装修使用。根据基础表面的柱中线,在下端立面上标出中线位置,然后用吊线法或经纬仪投点法把中线投测到柱上端的立面上。在每根柱立面上抄测高 0.5 m 的标高线。

建筑物变形监测及竣工测量

任务 1 了解建筑物的变形

1. 建筑物变形的原因

建筑物产生变形的原因很多,如地质条件、地震、荷载及外力作用的变化等是其主要原因。在施工过程和使用期间,建筑物受地基的工程地质条件、地基处理方法、建(构)筑物上部结构的荷载等多种因素的综合影响,将引起基础及其四周地层发生变形,这也造成建筑物本身发生形变。如果形变在一定的安全范围内,可视为正常,但超出某一限度就会影响建筑物的正常使用,会对建筑物的安全产生严重影响,或使建筑物发生不均匀沉降而导致倾斜,或造成建筑物开裂,甚至造成建筑物整体坍塌。因此,为了建筑物的安全使用,研究变形的原因和规律,在建筑物的设计、施工和运营管理期间需要进行建筑物的变形观测。

另外,在建筑物密集的城市修建高层建筑、地下车库时,往往要在狭窄的场地上进行深基坑的垂直开挖,这就需要采用支护结构对基坑边坡土体进行支护。由于施工中许多难以预料因素的影响,使得在深基坑开挖及施工过程中,可能产生边坡土体较大变形,造成支护结构失稳或边坡坍塌的严重事故。因此,在深基坑开挖和施工中,也应对支护结构和周边环境进行变形监测。

2. 建筑物变形观测的特点及分类

与一般的测量工作相比,变形观测有以下一些特点。

(1)精度要求高。

(2)时效性要求强。

(3)与施工同步进行。

(4)需要重复观测。

(5)几何变形与物理参数同时监测、数据处理方法严密等。

变形测量的分类如下。

(1)沉降观测。

(2)位移观测。

(3)倾斜观测。

(4)裂缝观测。

（5）挠度观测等。

3. 变形测量点的分类

1）变形观测点

变形观测点是指设置在变形体上的照准标志点，点位要设立在能准确反映变形体特征的位置上，也叫变形点、观测点。

2）基准点

基准点即确认固定不动的点，用于测定工作基点和变形观测点。点位要设立在变形区以外的稳定区域，每个工程至少应有 3 个基准点。

3）工作基点

工作基点是作为直接测定变形观测点的相对稳定的点，也称工作点。对通视条件较好或观测项目较少的工程，可不设立工作基点，直接在基准点上测定变形点。

4. 变形观测的基本要求

（1）重要工程建筑物、构筑物，在工程设计时，应对变形监测的内容和范围做出统筹安排，并由监测单位制订详细的监测方案。首次观测，宜获取监测体初始的观测数据。

（2）由基准点和部分工作基点构成的监测基准网，应定期复测一次；当对变形监测成果发生怀疑时，应随时检核监测基准网。

（3）变形监测网应由部分基准点、工作基点和变形观测点构成。监测周期应根据监测体的变形特征、变形速率、观测精度和工程地质条件等因素综合确定。监测期间，应根据变形量的变化情况适当调整。

（4）各期的变形监测时，应满足下列要求：①在较短的时间内完成；②采用相同的观测路线和观测方法；③使用同一台仪器和设备；④观测人员相对固定；⑤记录环节的环境因素，包括荷载、温度、降水、水位等；⑥采用统一基准处理数据。

（5）变形监测作用前，应收集相关水文地质、岩土工程资料和设计图纸，并根据岩土工程地质条件、工程类型、工程规模、基础埋深、建筑结构和施工方法等因素，进行变形监测方案设计。方案设计应包括监测目的、精度等级、监测方法、监测基准网的精度估算和布设、观测周期、项目预警值、使用的仪器设备、安全文明施工等内容。

（6）每期观测前，应对所使用的仪器和设备进行检验、校正，并做好记录。

（7）每期观测结束后，应及时处理观测数据。当观测数据处理结果出现变形量达到预警值或接近允许值、变形量出现异常变化、建筑物的裂缝或地表的裂缝快速扩大情况，必须立刻通知建设单位和施工单位采取相应措施。

（8）监测项目的变形分析包括观测成果的可靠性、监测体的累计变形值和相邻观测周期的相对变形量分析、相关影响因素（荷载、气象和地质条件）的作用分析、回归分析、有限元分析等。对于较大规模的或重要的项目，宜包括所有内容；规模较小的项目，至少包括前 1～3 项的内容。

（9）变形监测项目，应根据工程需要，提交下列资料：变形监测成果统计表，监测点位置分布图，建筑裂缝位置及观测点分布图，水平位移曲线图，沉降曲线图，有关荷载、温度、水平位移量相关曲线图,荷载、时间、沉降相关曲线图,位移(水平或垂直)速率、时间、位移量曲线图,变形监测报告等。

4. 变形观测等级划分与精度要求

变形观测的精度要求,取决于该建筑物设计的允许变形值的大小和进行变形观测的目的。若观测的目的是为了使变形值不超过某一允许值从而确保建筑物的安全,则观测的中误差应小于允许变形值的 1/20~1/10;若观测的目的是为了研究其变形过程及规律,则中误差应比允许变形值小得多。依据规范,对建筑物进行变形观测应能反映 1~2 mm 的沉降量。建筑变形测量的等级划分及其精度要求见表 10-1。

表 10-1 建筑变形测量的等级划分及其精度要求

变形测量等级	沉降观测(垂直位移)	水平位移观测	适用范围
	观测点测站高差中误差/mm	观测点坐标中误差/mm	
特级	≤0.05	≤0.3	特高精度要求的特种精密工程和重要科研项目变形观测
一级	≤0.15	≤1.0	高精度要求的大型建筑物和科研项目变形观测
二级	≤0.50	≤3.0	中等精度要求的建筑物和科研项目变形观测;重要建筑物主体倾斜观测、场地滑坡观测
三级	≤1.05	≤10.0	低精度要求的建筑物变形观测;一般建筑物主体倾斜观测、场地滑坡观测

观测的周期取决于变形值的大小和变形速度,以及观测的目的。通常观测的次数应既能反映出变化的过程,又不遗漏变化的时刻。在施工阶段,观测频率应大些,一般有 3 天、7 天、半个月三种周期,到了竣工营运阶段,频率可小一些,一般有 1 个月、2 个月、3 个月、半年及一年等不同的周期。除了系统的周期观测以外,有时还应进行紧急观测。

任务 2 建筑物沉降观测

1. 垂直位移监测网

建筑物沉降观测就是测定建筑物、构筑物上所设变形观测点的高程随时间变化的工程。建筑物受地下水位升降、荷载的作用及地震等的影响,会使其产生位移。一般说来,在没有其他外力作用时,多数为下沉现象。在建筑物施工开挖基槽以后,深部地层由于荷载减轻而升高,这种现象称为回弹,对它的观测称为回弹观测。

垂直位移观测的高程依据是水准基点,即在水准基点高程不变的前提下,定期地测出变形点相对于水准基点的高差,并求出其高程,将不同周期的高程加以比较,即可得出变形点高程变化的大小及规律。

由水准基点组成的水准网称为垂直位移监测网,它可布设成闭合环、结点或附合水准路线等形式。其精度等级及主要技术要求见表 10-2。

表 10-2 垂直位移监测网的精度等级及主要技术要求

等级	相邻基准点高差中误差/mm	每站高差中误差/mm	往返较差、附合或环线闭合差/mm	检测已测高差较差/mm	使用仪器、观测方法及要求
一等	±0.3	±0.07	$0.15\sqrt{n}$	$0.2\sqrt{n}$	$DS_{0.5}$ 型仪器,视线长度≤15 m,前后视距差≤0.3 m,视距累计差≤1.5 m,宜按国家一等水准测量的技术要求施测
二等	±0.5	±0.13	$0.30\sqrt{n}$	$0.5\sqrt{n}$	$DS_{0.5}$ 型仪器,宜按国家一等水准测量的技术要求施测
三等	±1.0	±0.30	$0.60\sqrt{n}$	$0.8\sqrt{n}$	$DS_{0.5}$ 或 DS_1 型仪器,宜按国家二等水准测量的技术要求施测
四等	±2.0	±0.70	$1.40\sqrt{n}$	$2.0\sqrt{n}$	$DS_{0.5}$ 或 DS_1 型仪器,宜按国家三等水准测量的技术要求施测

注:n 为测段的测站数。

在布设水准网时必须考虑下列一些因素。

(1)根据监测精度的要求,应布置成网形最合理、测站数最少的监测环路。

(2)在整个水准网里,应有四个埋设深度足够的水准基点作为高程起算点,其余的可埋设一般地下水准点或墙上水准点。施测时可选择一些稳定性较好的沉降点,作为水准线路基点与水准网统一监测和平差。因为施测时不可能将所有的沉降点均纳入水准线路内,大部分沉降点只能采用安置一次仪器直接测定,因为转站会影响成果精度,所以选择一些沉降点作为水准点极为重要。

(3)水准基点应根据建筑场区的现场情况,设置在较明显而且通视良好、安全的地方,且要求便于进行联测。

(4)水准基点应布设在拟监测的建筑物之间,距离一般为 20~40 m,一般工业与民用建筑物应不小于 15 m,较大型并略有震动的工业建筑物应不小于 25 m,高层建筑物应不小于 30 m。总之,应埋设在建筑物变形影响范围之外、不受施工影响的地方。

(5)监测单独建筑物时,至少布设三个水准基点,对建筑面积大于 5000 m^2 或高层建筑,则应适当增加水准基点的个数。

(6)一般水准点应埋设在冻土线以下半米处,设在墙上的水准点应埋在永久性建筑物上,且离开地面高度约为半米。

（7）水准基点的标志构造，必须根据埋设地区的地质条件、气候情况及工程的重要程度进行设计。对于一般建筑物及深基坑沉降监测，可参照水准测量规范中二、三等水准的规定进行标志设计与埋设；对于高精度的变形监测，需设计和选择专门的水准基点标志。

2. 沉降观测点的布设

沉降观测点应布设在能够反映建筑物、构筑物变形特征和变形明显的部位。标志应稳固、明显、结构合理，不影响建筑物、构筑物的美观和使用。点位应避开障碍物，便于观测和长期保存，一般在室外地坪＋0.500 m 较为适宜。设备基础、支护结构锁口梁上的监测点见图 10-1，墙体上或柱子上的监测点见图 10-2。

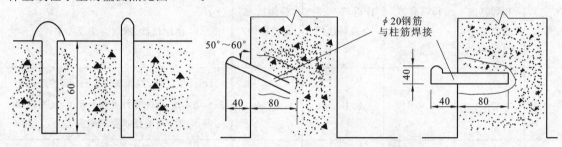

图 10-1　设备基础沉降观测点　　　　　　　　**图 10-2　墙体沉降观测点**

一般沉降观测点可根据下列几方面布设。

（1）监测点应布置在深基坑及建筑物本身沉降变化较显著的地方，并要考虑到在施工期间和竣工后，能顺利进行监测的地方。

（2）深基坑支护结构的沉降观测点应埋设在锁口梁上，一般间距 10～15 m 埋设一点，在支护结构的阳角处和原有建筑物离基坑很近处应加密设置监测点。

（3）在建筑物四周角点、中点及内部承重墙（柱）上均需埋设监测点，并应沿房屋周长每间隔 10～12 m 设置一个监测点，但工业厂房的每根柱子均应埋设监测点。

（4）由于相邻建筑及深基坑与周边环境之间相互影响的关系，在高层和低层建筑物、新老建筑物连接处，以及在相接处的两边都应布设监测点。

（5）在人工加固地基与天然地基交接和基础砌筑深度相差悬殊处，以及在相接处的两边都应布设监测点。

（6）当基础形式不同时需在结构变化位置埋设监测点。当地基土质不均匀，可压缩性土层的厚度变化不一或有暗浜等情况时需适当埋设监测点。

（7）在震动中心基础上也要布设监测点，对烟囱等刚性整体基础，应不少于三个监测点。

（8）当宽度大于 15 m 的建筑物在设置内墙体的监测标志时，应设在承重墙上，并且要尽可能布置在建筑物的纵横轴线上，监测标志上方应有一定的空间，以保证测尺直立。

（9）重型设备基础的四周及邻近堆置重物之处，有大面积堆荷的地方，也应布设监测点。

3. 沉降观测的方法和频率

沉降观测的观测方法视沉降观测点的精度要求而定，主要包括精密水准测量、液体静力水准测量、电磁波三角高程测量、GPS 高程测量等。

高程建筑施工期间的沉降观测周期应每增加1～2层观测1次；建筑物封顶后应每3个月观测1次，观测一年；如果最后两个观测周期的平均沉降速率小于0.02 mm/日，可以认为整体趋于稳定，如果各点的沉降速率均小于0.02 mm/日，即可终止观测，否则应继续每3个月观测1次，直到建筑物稳定为止。工业厂房或多层民用建筑的沉降观测总次数，不应小于5次。竣工后的观测周期，可根据建筑物的稳定情况确定。

4. 沉降观测的成果整理

1）整理原始观测数据记录

变形观测的外业工作结束后，应及时对观测手簿进行整理和检查。如有错误或误差超限，须找出原因，及时进行补测。

2）沉降量的计算

沉降变形量的计算，是以首期观测的成果作为基础，即沉降变形量是相对于首期的结果而言的，所以要特别注意首期观测的质量。

3）绘制沉降曲线

为了更清楚地表示沉降量、荷载、时间三者之间的关系，还需绘制各观测点的时间与沉降量关系曲线图以及时间与荷载关系曲线图。如图 10-3 所示，图中横坐标为时间 T，可以十天或一个月为单位，纵坐标向下为沉降量 s，向上为荷载 P。所以横坐标轴以下是随着时间变化的沉降量曲线，即 s-T 曲线；横坐标轴以上则是荷载随时间而增加的曲线，即 P-T 曲线。施工结束后，荷载不再增加，则 P-T 曲线逐水平直线。从这个图上可以清楚地看出沉降量与荷载的关系及变化趋势是渐趋稳定的。

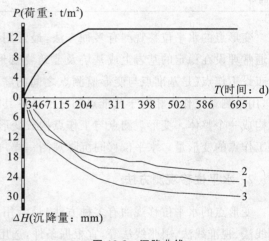

图 10-3　沉降曲线

任务 3　建筑物水平位移观测

1. 水平位移监测网

水平位移是指建筑物、构筑物的位置在水平方向上的变化。水平位移观测是测定建筑物、构筑物的平面位置随时间变化的移动量。一般先测出观测点的坐标，然后将两次观测的坐标进行比较，算出位移量及位移方向。

实施水平位移监测工作，首先应建立高精度的变形监测平面控制网，根据建筑物的结构形式、已有设备和具体条件,可采用三角网、导线网、边角网、三边网和视准线等形式。

水平位移监测网的主要技术要求见表 10-3。

表 10-3　水平位移监测网的主要技术要求

等级	相邻基准点的点位中误差/mm	平均边长/m	测角中误差/(″)	最弱边相对中误差	作业要求
一等	1.5	<300	0.7	≤1/250000	按国家一等三角要求施测
		<150	1.0	≤1/120000	按国家二等三角要求施测
二等	3.0	<300	1.0	≤1/120000	按国家二等三角要求施测
		<150	1.8	≤1/70000	按国家三等三角要求施测
三等	6.0	<350	1.8	≤1/70000	按国家三等三角要求施测
		<200	2.5	≤1/40000	按国家四等三角要求施测
四等	12.0	<400	2.5	≤1/40000	按国家四等三角要求施测

变形点的水平位移观测有多种方法,最常用的有测角前方交会、后方交会、极坐标法、基准点通常埋设在稳定的基岩上或基坑及建筑物变形影响范围之外且能长期保存的地方。同时还应布设工作点(是基准点与变形监测点之间的联系点)。工作点与基准点构成变形监测的首级网,用来测量工作点相对于基准点的变形量。其次,应在监测对象上埋设变形观测点,与监测对象构成一个整体。变形观测点与工作点构成变形监测的次级网,该网用来测量变形观测点相对于工作点的变形量。水平位移同沉降观测一样,也必须进行周期性的观测工作。

2. 水平位移观测方法

变形点的水平位移观测有多种方法,最常用的有测角前方交会法、后方交会法、极坐标法、导线法、视准线法、引张线法等,宜根据条件,选用适当的方法。

1) 视准线法

在基坑开挖或打桩过程中,常常需要对施工区周边进行水平位移监测。基准线法的原理是在与水平位移相垂直的方向上建立一个固定不动的铅垂面,利用架设在工作基点上的经纬仪测定各变形观测点相对该铅垂面的距离变化,从而求得水平位移量。与此法类似的还有激光准直法,就是用激光光束代替经纬仪的视准线。这种方法适用于变形方向为已知的线形建(构)筑物,是观测水坝、桥梁等常用的方法。

2) 视准线小角法

用小角法测量水平位移同视准线法相类似,也是沿基坑周边建立一条轴线(即一个固定方向),通过测量固定方向与测站至变形观测点方向的小角变化 $\Delta\beta_i$,并测得测站至变形位移点的距离 D,从而计算出监测点的位移量 $\Delta_i = \dfrac{\Delta\beta_i}{\rho}D$(式中 $\rho = 206265″$)。

3) 引张线法

引张线法的工作原理与视准线法类似,但要求在无风及没有干扰的条件下工作,所以在大坝廊道里进行水平位移观测采用较多。所不同的,是在两个端点间引张一根直径为 0.8 mm 至 1 mm 的钢丝,以代替视准线。采用这种方法的两个端点应基本等高,上面要安置控制引张线位置的 V 形槽及施加拉力的设备。中间各变形点与端点基本等高,在上面与引张线垂直的方向上水平安置刻划尺;以读出引张线在刻划尺上的读数。不同周期观测时尺上读数的变化,即为变形点与引张线垂直方向上的位移值。

4) 导线法

当相邻的变形点间可以通视,且在变形点上可以安置仪器进行测角、测距时,可采用这种方法。通过各次观测所得的坐标值进行比较,便可得出点位位移的大小和方向。这种方法多用于非直线型建筑物的水平位移观测,如对弧形拱坝和曲线桥的水平位移观测。

任务 4 建筑物倾斜观测

1. 倾斜观测原理

一些高耸建(构)筑物,如电视塔、烟囱、高桥墩、高层楼房等,往往会发生倾斜。倾斜度用顶部的水平位移值 K 与高度 h 之比表示,即

$$i = \frac{K}{h} \tag{10-1}$$

一般倾斜度用测定的 K 及 h 来求算,如果确信建筑物是刚性的,也可以通过测定基础不同部位的高程变化来间接求算。

高度 h 可用悬吊钢尺测出,也可用三角高程法测出。

顶部点的水平位移值,可用前方交会法及建立垂准线的方法测出。

2. 倾斜观测方法

1) 水准仪观测法

建筑物的倾斜观测可采用精密水准仪进行监测,其原理是通过测量建筑物基础的沉降量来确定建筑物的倾斜度,是一种间接测量建筑物倾斜的方法。

如图 10-4 所示,定期测出基础两端点的沉降量,并计算出沉降量的差 Δh,再根据两点间的距离 L,即可计算出建筑物基础的倾斜度 α:

$$\alpha = \frac{\Delta h}{L}$$

若知道建筑物的高度 H,同时可计算出建筑物顶部的倾斜位移值 Δ:

$$\Delta = \alpha \times H = \frac{\Delta h}{L} \times H$$

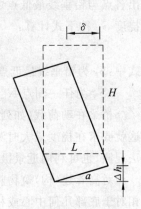

图 10-4　倾斜观测

2）经纬仪法

利用经纬仪可以直接测出建筑物的倾斜度，其原理是用经纬仪测量出建筑物顶部的倾斜位移值 Δ，则可计算出建筑物的倾斜度 α：

$$\alpha = \frac{\Delta}{H}（H 为建筑物的高度）$$

该方法是利用前方交会的原理，直接测量建筑物倾斜的方法。

3）悬挂垂球法

此方法是直接测量建筑物倾斜的最简单的方法，适合于内部有垂直通道的建筑物。从建筑物的上部悬挂垂球，根据上下应在同一位置上的点，直接量出建筑物的倾斜位移值 Δ，最后计算出倾斜度 α。

任务 5 挠度观测和裂缝观测

1. 挠度观测

所谓挠度，是指建（构）筑物或其构件在水平方向或竖直方向上的弯曲值。例如桥的梁部在中间会产生向下弯曲，高耸建筑物会产生侧向弯曲。

对于直立的构件，至少要设置上、中、下三个位移监测点进行位移监测，利用三点的位移量求出挠度大小。在这种情况下，我们把在建筑物垂直面内各不同高程点相对于底点的水平位移称为挠度。

挠度监测的方法常采用正垂线法，即从建筑物顶部悬挂一根铅垂线，直通至底部，在铅垂线的不同高程上设置测点，借助坐标仪表量测出各点与铅垂线最低点之间的相对位移。如图 10-5 所示，任意点 N 的挠度 S_N 按下式计算：

$$S_N = S_0 - \overline{S}_N$$

式中：S_0 为铅垂线最低点与顶点之间的相对位移；

S_N 为任一测点 N 与顶点之间的相对位移。

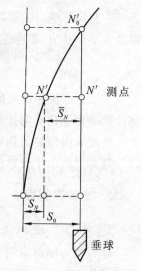

图 10-5　直立构件挠度

桥梁在动荷载（如列车行驶在桥上）作用下会产生弹性挠度，即列车通过后，立即恢复原状，这就要求在挠度最大时测定其变形值。为能测得其瞬时值，可在地面架设测距仪，用三角高程法观测，也可利用近景摄影测量法测定。

对高耸建（构）筑物竖直方向的挠度观测，是测定在不同高度上的几何中心或棱边等特殊点相对于底部几何中心或相应点的水平位移，并将这些点在其扭曲方向的铅垂面上的投影绘成曲线，就是挠度曲线。水平位移的观测方法，可采用测角前方交会法、极坐标法或导线法。

2. 裂缝观测

当建筑物多处发生裂缝时,应先对裂缝进行编号,然后分别监测裂缝的位置、走向、长度及宽度等。

1）直量法

对于混凝土建筑物上裂缝的位置、走向及长度的监测,应在裂缝的两端用红色油漆画线作标志,或在混凝土表面绘制方格坐标,用钢尺丈量。对于比较整齐的裂缝(如伸缩缝),则可用千分尺直接量取裂缝的变化。

2）固定标志法

根据裂缝分布情况,在裂缝观测时,应在有代表性的裂缝两侧各设置一个固定的观测标志,然后定期量取两标志的间距,即可得出裂缝变化的尺寸(长度、宽度和深度)。如图 10-6 所示,埋设的观测标志是用直径为 20 mm,长约 80 mm 的金属棒,埋入混凝土内 60 mm,外露部分为标志点,其上各有一个保护盖。两标志点的距离不得少于 150 mm,用游标卡尺定期测量两个标志点之间距离变化值,以此来掌握裂缝的发展情况。

3）石膏片法

墙面上的裂缝,可采取在裂缝两端设置石膏薄片,使其与裂缝两侧固联牢靠,当裂缝裂开或加大时石膏片亦裂开,监测时可测定其裂口的大小和变化。还可以采用两铁片,平行固定在裂缝两侧,使一片搭在另一片上,保持密贴。其密贴部分涂红色油漆,露出部分涂白色油漆,如图 10-7 所示。这样即可定期测定两铁片错开的距离,以监视裂缝的变化。

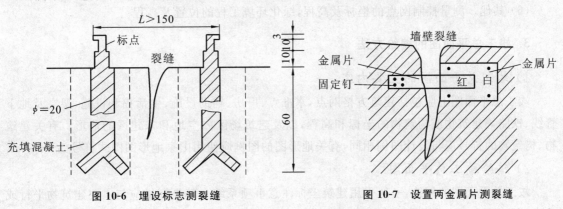

图 10-6　埋设标志测裂缝　　　　图 10-7　设置两金属片测裂缝

任务 **6** 竣工总平面图的编绘

竣工测量指工程建设竣工、验收时所进行的测量工作,它是根据施工控制网进行现场实测,或加以补测。其提交的成果主要包括:竣工测量成果表,竣工总平面图、专业图、断面图,以及细部点坐标和细部点高程坐标明细表等。

1. 编制竣工总平面图的目的

在施工中由于种种原因，设计总平面图与施工后情况不完全一致，竣工总平面图是设计总平面图在施工后实际情况的全面反映。

编绘竣工总平面图的目的在于：①竣工总平面图全面反映竣工后的现状；②便于日后进行各种设施的维修工作，特别是地下管道等隐蔽工程的检查和维修工作；③为建筑场区的扩建提供了资料；④为工程验收提供依据。

2. 竣工测量的内容

在每一个单项工程完成后，必须由施工单位进行竣工测量。提出工程的竣工测量成果，作为编绘竣工总平面图的依据。其内容包括以下各方面。

（1）工业厂房及一般建筑物。测定的内容包括房角坐标，各种管线进出口的位置和高程，室内地坪及房角标高，并附房屋编号、结构层数、面积和竣工时间等资料。

（2）铁路和公路等交通线路。测定线路的起止点、转折点、交叉点的坐标，曲线元素、桥涵等构筑物的位置和高程，人行道、绿化带界线等。

（3）地下管网。测定检修井、转折点、起终点的坐标，井盖、井底、沟槽和管顶等的高程，并附注管道及检修井的编号、名称、管径、管材、间距、坡度和流向。

（4）架空管网。测定其转折点、结点、交叉点的坐标，支架间距，基础面高程。

（5）特种构筑物。测定沉淀池、污水处理池、烟囱、水塔等的外形，位置及高程。

（6）其他。测量控制网点的坐标及高程，绿化环境工程的位置及高程。

3. 竣工总平面图的编绘方法

1）竣工总平面图的主要内容

竣工总平面图上应包括建筑方格网点，水准点、厂房、辅助设施、生活福利设施、架空及地下管线、铁路等建筑物或构筑物的坐标和高程，以及建筑场区内空地和未建区的地形。有关建筑物、构筑物的符号应与设计图例相同，有关地形图的图例应使用国家地形图图式符号。

2）编绘竣工总平面图

竣工总平面图的编绘，一般采用建筑坐标注意事项系统。其坐标轴应与主要建筑物平行或垂直，图面大小要考虑使用与保管方便。对于工业厂区，一般应从主厂区向外分幅，避免主要车间被分幅切割，并要照顾生产系统的完整性，使之尽可能绘制在一幅图纸上。如果线条过于密集而不醒目，则可采用分类编图。如综合竣工总平面图、交通运输竣工总平面图和管线竣工总平面图等。竣工总平面图一般包括：比例尺 1：1000 的综合平面图和管线专用平面图，比例尺为 1：500～1：200 的独立设备与复杂部件的平面图。对于小型的工业建设项目，最好能编绘一种比例尺为 1：500 的总平面图来代替前两种比例尺为 1：1000 的平面图。对于大型和联合企业应编绘比例尺为 1：5000～1：2000 的不同颜色绘制的综合总平面图。

对于各种地上、地下管线，应用各种不同颜色的墨线绘出其中心位置，注明转折点及井位的坐标、高程及有关注记。在一般没有设计变更的情况下，墨线绘出的竣工位置与按设计原图用铅笔绘的设计位置应重合。在图上按坐标展绘工程竣工位置时,与在底图上展绘控制点的要求一致,均以坐标格网为依据进行展绘,展点对邻近的方格而言,其容许误差为 ±0.3 mm。

4. 竣工总平面图的附件

下列与竣工总平面图有关的一切资料,应分类装订成册,作为总图的附件保存。

(1)建筑场地及其附近的测量控制点布置图、坐标与高程一览表。

(2)建筑物和构筑物沉降与变形观测资料。

(3)地下管线竣工纵断面图。

(4)工程定位、放线检查及竣工测量的资料。

(5)设计变更文件及设计变更图。

(6)建筑场地原始地形图等。

参 考 文 献

[1] 武汉测绘科技大学《测量学》编写组.测量学[M].3 版.北京:测绘出版社,2000.

[2] 钟孝顺,聂让.测量学[M].北京:人民交通出版社,1997.

[3] 靳祥升.工程测量技术[M].郑州:黄河水利出版社,2004.

[4] 杨晓平,程超胜.建筑施工测量[M].3 版.武汉:华中科技大学出版社,2011.

[5] 李青岳,陈永奇.工程测量学[M].3 版.北京:测绘出版社,2008.

[6] 孔祥元,梅是义.控制测量学[M].武汉:武汉大学出版社,1996.

[7] 凌支援.建筑施工测量[M].北京:高等教育出版社,2009.

[8] 过静珺,饶云刚.土木工程测量[M].3 版.武汉:武汉理工大学出版社,2009.

[9] 魏静.建筑工程测量[M].北京:机械工业出版社,2010.

[10] 王勇智.GPS 测量技术[M].3 版.北京:中国电力出版社,2012.

[11] 覃辉,伍鑫.土木工程测量[M].4 版.上海:同济大学出版社,2013.

[12] 潘正风,程效军,成枢等.数字测图原理与方法[M].2 版.武汉:武汉大学出版社,2009.